中国地膜覆盖技术应用与发展趋势

Plastic Film Mulching Technology Status and Development Trends in China

刘 勤 严昌荣 薛颖昊 刘宏金 李 真等 著

科 学 出 版 社
北 京

内 容 简 介

本书从阐述我国地膜的发展和应用现状入手，进行了地膜使用量和地膜覆盖面积变化规律的历史时段再分析和未来20年预测，同时探明了我国地膜残留污染特征和生物降解地膜应用特点，针对目前地膜污染治理难度大的原因，提出了作物地膜覆盖减量技术、全生物降解地膜替代技术和地膜残留农艺防治技术等农田地膜污染防治策略，为我国绿色农业发展及粮食安全保障提供了科技支撑。

本书可供农业与环境管理、农业科研和生产等领域的研究人员、专业技术人员、教学人员及相关专业的研究生、本科生等参考。

图书在版编目（CIP）数据

中国地膜覆盖技术应用与发展趋势 / 刘勤等著. —北京：科学出版社，2021.11

ISBN 978-7-03-068387-8

Ⅰ. ①中… Ⅱ. ①刘… Ⅲ. ①地膜栽培–研究 Ⅳ. ①S316

中国版本图书馆CIP数据核字（2021）第047026号

责任编辑：李秀伟 白 雪 闫小敏 / 责任校对：严 娜
责任印制：吴兆东 / 封面设计：北京图阅盛世文化传媒有限公司

科学出版社 出版
北京东黄城根北街16号
邮政编码：100717
http://www.sciencep.com

北京虎彩文化传播有限公司 印刷
科学出版社发行 各地新华书店经销

*

2021年11月第 一 版 开本：720×1000 1/16
2021年11月第一次印刷 印张：10 1/4
字数：207 000

定价：148.00元

（如有印装质量问题，我社负责调换）

著者名单

（按姓氏汉语拼音排序）

宝　哲　陈保青　崔吉晓　丁　凡

丁伟丽　樊　平　冯良山　高海河

高维常　谷学佳　何文清　靳　拓

李　兰　李　真　李海萍　李焕春

刘　勤　刘恩科　刘宏金　刘晓伟

刘学军　毛思帅　戚瑞敏　秦丽娟

武红旗　徐友利　薛颖昊　严昌荣

姚宗路　运翠霞　张　凯　张晓波

周继华　朱哲江

前　言

地膜具有增加地温、抑制地表水分蒸发、抑草灭草、抑盐保苗、增加作物冠层光照均匀程度和增加散射光等多方面功能，已成为继种子、化肥、农药之后第四大农业生产的重要物质资料，地膜覆盖技术应用导致了我国农业生产力显著提高和生产方式发生巨大改变。国家统计局数据显示，地膜使用量从1993年的30多万t已增加到2018年的143.7万t，地膜覆盖面积从1993年的572.2万hm^2已增长到2018年的1865.7万hm^2，年均增速分别达到5.9%和4.8%。应用区域已从北方干旱、半干旱区域扩展到南方的高海拔山区，覆盖作物种类也从经济作物扩大到大宗粮食作物，并使作物大面积增产20%～50%，为保障我国粮食安全、促进农民增收、加快农村经济发展发挥了重要作用。与此同时，地膜覆盖广泛应用也带来了一系列问题，特别是地膜不科学使用及回收环节的缺失，导致地膜残留污染日益严重，已成为一个重要的环境问题。地膜残留，不仅造成了视觉污染，影响机械化作业，而且会破坏耕作层土壤结构，影响水肥运移和作物生长发育，导致地力下降，造成作物减产，同时累积的地膜残留增加了农田微塑料污染风险。因此，加强地膜覆盖合理利用，强化地膜残留污染综合防控已经迫在眉睫。

第一，编著本书的目的。地膜覆盖技术于20世纪50年代由日本科学家发明并最早用于草莓生产。由于该技术具有良好的增温保墒和防除杂草作用，在日本得到迅速发展和应用。与此同时，覆膜栽培作物也逐渐由最初的蔬菜类扩展到烟草、花卉、薯类、棉花和玉米等作物上。1978年地膜覆盖技术引入中国，最早应用于蔬菜种植，后迅速发展到各种经济作物和粮食作物。中国已成为世界上地膜消耗量最多、覆盖面积最大、覆盖作物种类最广的国家。近年来，由于地膜不科学使用及有效回收环节的缺失，地膜残留污染问题日益突出，国家对地膜污染的重视程度不断提升。2012年以来，持续实施了清洁生产项目，在重点地区推进地膜回收再利用试点项目。2014年开始，每年中央一号文件都提出要加强地膜污染治理；2015年，农业农村部将解决农田残膜污染作为农业面源污染防治攻坚战的重要内容；2017年农业农村部将地膜回收作为农业绿色发展的五大行动之一，并提出要进行“谁生产、谁回收”的地膜生产者责任延伸制度试点。目前我国地膜残留污染治理难度大，主要体现在以下几个方面：一是新地膜国家标准执行效率低，对地膜生产、销售、使用和回收监管不足，大量低强度、易老化、寿命短的地膜依然充斥市场，导致大量地膜残留在农田中，难以回收；二是机械回收难，目前大部分地区地膜回收主要以人工捡拾为主，难度大、成本高，耕地表层地膜机械回收有了很大进展，但需要解决回收率低、与秸秆和土壤分离等问题；三是回收经济效益差，回收的积极性不高，现有地膜回收加工企业普遍面临回收成本高、收益差等问题；四是生物降解地膜研发推广仍存在一些技术瓶颈，面临着稳定性不足和成本控制难等多方面的制约；五是政策扶持不完善，鼓励残膜回收的政策支持力度不够，废旧地膜回收渠道不畅，还没有形成长效治理机制。因此，作者希望能够在探讨我国地膜的发展和应用现状基础上，摸清区域尺度地膜使用量和地膜覆盖面积的变化规律，探明我国地膜残留污染特征和生物降解地膜应用特点，提出我国地膜覆盖技术应用发展趋势和农田地膜污染的防治策略，为我国实现农业清洁生产及保障粮食安全提供科技支撑。

第二，本书的基本结构和内容。全书从阐述我国地膜的发展和应用现状入手，进行了地膜使用量和地膜覆盖面积变化规律的历史时段再分析和未来20年预测，同时探明了我国地膜残留污染特征和生物降解地膜应用特点，针对目前地膜污染治理难度大的原因，提出了作物地膜覆盖减量技术、全生物降解地膜替代技术和地膜残留农艺防治技术的农田地膜污染防治策略。全书共六章，第一章介绍了地膜覆盖技术的现状和特点，包括地膜覆盖技术的研究与发展、地膜覆盖的作用机制和我国地膜覆盖应用现状的特点。第二章探讨了地膜覆盖技术的应用及预测，包括地膜覆盖对主要作物生产的贡献、我国地膜覆盖应用的变化特点、我国地膜覆盖应用的区域特征、地膜投入量和覆盖面积及预测。第三章介绍了农田地膜残留污染与防控，包括地膜残留污染的主要危害及分类等级、聚乙烯地膜的降解、土壤微塑料污染、向日葵地膜应用与残留污染防控、棉花地膜应用与残留污染防控。第四章介绍了地膜覆盖技术适宜性研究，包括春玉米地膜覆盖适宜性评价、地膜覆盖对春玉米生产和效益的影响、春玉米地膜覆盖适宜指数和分区。第五章叙述了可降解地膜的类别和特点，包括OXO降解地膜的研发与问题、生物降解地膜的研发应用、生物降解材料及地膜。第六章介绍了作物生物降解地膜应用范例，涉及华北地区马铃薯生物降解地膜应用、新疆地区加工番茄生物降解地膜应用、东北地区有机水稻生物降解地膜应用。

本书的撰写和出版得到了中国农业科学院农业环境与可持续发展研究所、农业农村部农膜污染防控重点实验室、农业农村部农业生态与资源保护总站、内蒙古农牧业生态与资源保护中心、国家农业废弃物循环利用创新联盟、中国农业生态环境保护协会、上海弘睿生物科技有限公司和贵州省烟草科学研究院的大力支持。同时还要感谢中国农业科学院科技创新工程、中英政府间科技合作项目“环境友好型地膜覆盖技术研究与集成示范”（YS2017YFGH001027）、自然环境研究委员会-全球挑战研究基金塑料提案：降低发展中国家塑料废弃物的影响“农业微塑料污染能削弱经济不发达国家的粮食安全和可持续发展吗？（NE/V005871/1）”、国家自然科学基金项目“免耕一膜多用对土壤有机碳及农田碳平衡的影响（31871575）”、中央级公益性科研院所基本科研业务费专项（Y2019LM02-06）、中德农村塑料升级管理项目（12.1003.8-264.01）及中国烟草总公司贵州省公司科技项目“烟用全生物降解地膜开发（合同号：201933）”等项目的资助。

本书是一本探讨我国地膜覆盖技术应用与发展趋势的专著，虽然我们在撰写时竭尽所能，但由于水平和各种条件的限制，书中难免有不足之处，请各位专家和读者给予批评与指正。

刘　勤

2021年7月30日

目　　录

第一章　地膜覆盖技术的现状与特点

第一节　地膜覆盖技术的研究与发展

一、地膜覆盖技术的发展历程

地膜覆盖技术于20世纪50年代由日本科学家发明并最早用于草莓生产。在地膜覆盖技术发明初期，重点覆盖作物是蔬菜，尤其是保护地的地膜覆盖比例非常高。由于该技术具有良好的增温保墒和防除杂草作用，在日本得到迅速发展和应用。我国地膜覆盖技术研究应用可以分为4个阶段，首先是引进试验阶段（1979～1984年），1978年6月原农业部副部长朱荣访问日本，参观了日本地膜覆盖技术试验基地，回国后向有关农业科研和管理单位介绍了日本塑料薄膜地面覆盖技术，并开展小面积蔬菜和棉花平畦覆膜等相关研究，国产低密度聚乙烯（LDPE）地膜新产品开始出现；其次是技术完善阶段（1985～1992年），地膜产品薄型化且应用具有了一定规模，应用对象主要为经济作物，小型覆膜机具研发出现突破，其中中国农业科学院蔬菜花卉研究所王耀林研究员的科技成果“聚乙烯地膜及地膜覆盖栽培技术”获1985年国家科技进步奖一等奖，我国第一部地膜方面的国标《聚乙烯吹塑农用地面覆盖薄膜》（GB 13735—1992）于1992年颁布实施；再次是技术应用阶段（1993～2012年），地膜产品基本成熟稳定，区域应用模式成熟，覆盖作物由单一经济作物扩大到大宗粮食和经济作物，配套覆膜机具出现重大突破且规模应用，现石河子大学陈学庚教授的科技成果“棉花精量铺膜播种机具的研究与推广”获2008年国家科技进步奖二等奖；最后是技术升级阶段（2012年至今），新型功能地膜、Bio-film逐渐被重视，农业农村部农业生态与资源保护总站的科技成果“全生物降解地膜替代技术应用评价与示范推广”获2019年全国农林牧渔业丰收奖，中国农业科学院农业环境与可持续发展研究所的科技成果“全生物降解地膜产品研发与应用”获2021年北京市科技进步奖二等奖，地膜新国标《聚乙烯吹塑农用地面覆盖薄膜》（GB 13735—2017）和Bio-film国标《全生物降解农用地面覆盖薄膜》（GB/T 35795—2017）均于2017年颁布。

二、国外地膜覆盖技术的应用概况

日本是世界上研究应用地膜覆盖栽培最早的国家之一，始于20世纪50年代初，最初在草莓上开展试验研究，并很快实现了推广应用。在此基础上，从1956年到1968年相继开展了洋葱、番茄、甘薯、烟草和花生等多种作物的地膜覆盖栽培试验研究，取得了一系列的成果，并迅速在各种经济作物、粮食作物种植上广泛应用。

美国虽然在覆盖作物种类和面积上不如日本，但在地膜覆盖栽培技术研究及新覆盖材料的开发方面做了大量的研究工作，如研究应用了改变地面覆盖小气候和土壤条件的农田保苗覆盖膜，加入杀菌剂制成的防病杀菌膜，还有遇水能分解的由纤维素材料组成的多孔性薄膜片，可保护种植作物及土壤不受侵蚀。地膜覆盖技术在欧洲的许多国家也得到了广泛的应用，如法国、西班牙、葡萄牙、意大利等，总体而言，欧洲地膜覆盖的农作物主要是蔬菜和花卉，全欧洲覆盖面积大概在640万亩①，而日本近年来则在200多万亩（严昌荣等，2015）。

三、我国地膜覆盖技术的应用概况

（一）地膜用量持续增加，覆膜面积进一步上升

统计数据显示（中华人民共和国农业农村部，1982-2019），我国地膜使用量从1982年的0.6万t已增加到2018年的140.4万t，增加了200多倍，未来仍有继续增加的趋势。地膜覆盖面积也一直保持持续增长态势，1982年农作物覆盖面积仅为11.7万hm^2，1991年达到490.9万hm^2，2001年上升到1096.1万hm^2，2011年农作物覆盖面积达1651.2万hm^2，2018年之后农作物地膜覆盖面积稳定在1700万hm^2以上，主要分布在冷凉和干旱区域。

（二）地膜应用作物种类扩大，技术模式日臻完善

地膜覆盖应用的作物种类急剧增加，地膜覆盖栽培技术最初主要用于经济价值比较高的蔬菜、花卉上，经过几十年的理论研究与生产实践，地膜覆盖栽培技术应用得到了飞速发展，现已扩大到花生、西瓜、甘蔗、烟草、棉花等多种经济作物，以及玉米、小麦、水稻等大宗粮食作物上。在新疆维吾尔自治区、山西省、内蒙古自治区、陕西省和甘肃省等高寒冷凉、干旱及半干旱地区，地膜覆盖已推广应用到大部分农作物的种植上，并且面积呈现持续增长的趋势，其中以玉米、蔬菜、棉花、薯类、花生地膜应用面积最大。

此外，随着应用作物种类增加、覆盖面积扩大和机械化程度提高，与区域相适应的各种地膜覆盖技术模式在不断完善，如依托一体化作业机具形成的新疆地区的铺管、覆膜、播种一体化棉花地膜覆盖技术，黄土高原地区的起垄、覆膜播种一体化玉米全膜双垄沟栽培技术等，很好地考虑了农业生产的区域特点、作物种植方式，为大规模应用奠定了良好基础。

---

① 1亩≈666.67m^2

第二节　地膜覆盖的作用机制

一、地膜覆盖对作物水分利用的影响

地膜覆盖作为一项重要的农田土壤保墒技术，对提高作物水分利用效率具有显著效果。从全国50多种作物使用地膜覆盖的效果来看，地膜覆盖可使作物水分利用效率平均提高58.0%左右。地膜覆盖对作物水分利用效率的提升效果受到区域水分状况的影响较大，旱作条件下地膜覆盖可提高62.5%，而灌溉条件下仅提高25.5%。区域降水量也显著影响地膜覆盖的应用效果，随着降水量的降低，地膜覆盖提升作物水分利用效率的效果逐渐增加。在年降水量＜400mm区域，地膜覆盖对水分利用效率的提升作用最为显著，提高近一倍，在年降水量400～500mm、500～600mm和＞600mm区域，地膜覆盖种植水分利用效率较露地种植分别提高32.9%、33.5%和30.8%。

不同地膜覆盖方式对作物水分利用效率的提升效果不同。平作条件下地膜覆盖种植较露地种植水分利用效率提高45.3%，而垄作条件下覆膜种植较露地种植提高71.3%；半膜覆盖条件下作物水分利用效率提高43.4%，而全膜覆盖可使作物水分利用效率提高100%。不同时期覆膜对作物水分利用效率也有显著影响，如对于春玉米地膜覆盖对土壤水分利用效率的提升效果从高到低依次为秋季全覆膜、顶凌全覆膜、播前全覆膜（柴守玺等，2015）。

地膜覆盖可提高作物水分利用效率主要是由于地膜覆盖能有效抑制土壤蒸发，增强了土壤水分的有效性。地膜覆盖使土壤水分蒸发受阻，蒸发速度相对减缓，总蒸发量显著降低，作物可用水量增加，水分利用效率提高。山西寿阳连续观测结果表明，地膜覆盖使旱地春玉米全生育期土壤蒸发量减少60～70mm，作物蒸腾量增加70～85mm，水分利用效率提高72%（冯禹等，2018）；西北地区冬小麦幼苗期地膜覆盖种植比露地种植平均多储水18.5mm，全生育期耕层土壤含水量可增加1%～4%，全生育期可减少蒸发量100mm以上。

二、地膜覆盖对土壤温度的影响

地膜覆盖对土壤温度具有重要的调节作用。地膜能有效地透过太阳辐射，被土壤吸收转化为热能，同时地膜可阻止近地层冷空气流动造成的膜下土壤热量散失，阻断了热能以长波向外辐射，减少了水分蒸发时所需热能，从而减少了由近地表空气对流而造成的热量散失，具有显著的增温和保温作用。尤其是在我国西北干旱和半干旱地区及高海拔地区，作物生育前期较低的空气温度和土壤温度影响了作物出苗，阻碍植株生长，采用地膜覆盖具有显著的增温效果。地膜覆盖在不同区域均具有很好的增温效果，在春季地膜覆盖可提高土壤温度（5cm）1.8～2.7℃，某些条件下可高达6.8℃。地膜覆盖具有普遍的增温效果，但地膜覆盖增温效果在相对温暖和光照条件较好的区域更为显著。由于土壤温度增加，促进了作物种子萌发和出苗，玉米提前出苗1～3d，小麦提前出苗3d，马铃薯提前出苗12d左右（王立华和孙桂杰，2010）。

地膜覆盖对土壤温度的调节作用受到覆盖材料、地膜颜色、覆膜方式和覆盖时期等因素影响。生物降解地膜与普通地膜均可以明显提高玉米生育前期的土壤温度，尤其对5cm和10cm土层的土壤温度影响较大，而液态膜对不同土层的增温效果均不显著。透明地膜对土壤的增温效果比白色地膜和黑色地膜显著，黑色地膜比白色地膜下土壤温度低1～2℃。覆盖方式也显著影响地膜增温效果，如旱地冬小麦在不同覆盖、播种模式下，地膜增温效果以全膜穴播最明显、全膜穴播覆土次之、膜侧沟播最小（党占平等，2007）。

三、地膜覆盖对农田碳循环的影响

地膜覆盖由于改变了土壤有机碳转化相关的土壤温湿度条件和作物光合产物向土壤的碳输出，会对土壤有机碳库产生影响，但当前关于地膜覆盖条件下土壤有机碳库含量变化的研究尚存一定的争议。Zhou等（2012）和Li等（2004）的研究结果显示，长期地膜覆盖后，农田土壤的有机碳有下降趋势，土壤有机碳下降的原因是地膜覆盖改善了土壤水热条件，加快了微生物对有机碳的矿化和分解，导致有机碳含量的降低。而Liu等（2014）研究指出，长期地膜覆盖会导致土壤有机质含量呈现上升趋势，主要原因是地膜覆盖改变了土壤水热条件，促进了作物根系的生长，根际碳沉积及根际效应得到增强，同时间接地增加了土壤微生物活性和土壤微生物量（Kuzyakov，2006）。An等（2015）利用^{13}C-脉冲标记（^{13}C pulse-labeling）的研究结果显示，在标记15d内12%～15%的植物固定^{13}C被运输到土壤中，并且地膜覆盖提高了作物通过光合作用固定的^{13}C向土壤中转运的比例，增加了植株光合产物在土壤中的固存。也有研究结果显示，地膜覆盖对土壤有机质含量的影响是中性的，其原因是地膜覆盖促进土壤有机碳矿化和增加作物根系有机碳输入的作用基本相互抵消了，尤其是在土壤有机质本底值较高的情况下（李世朋等，2009；谢驾阳等，2010；梁贻仓等，2014）。

相比于常规覆膜栽培，免耕一膜多用对土壤碳循环的影响更为复杂。对全球保护性耕作措施进行Meta分析指出，在裸地栽培下，单纯采取免耕措施通常会带来作物产量的降低（Pittelkow et al.，2015），这可能会减少作物光合向土壤的碳输入。在覆膜免耕条件下，作物光合合成碳向土壤中根系和根系分泌物迁移的过程会受到哪些影响尚未得到揭示。另外，先前研究表明免耕对土壤呼吸的影响会因为土壤和环境条件不同而有比较大的分歧（Álvaro-Fuentes et al.，2007；Omonode et al.，2007；Pandey et al.，2012；Oorts et al.，2006），在地膜覆盖条件下，免耕对土壤呼吸的影响及地膜覆盖与免耕对土壤呼吸的交互影响仍需要通过系统试验进行阐述。

农田生态系统是陆地生态系统碳循环过程中最活跃的碳库。农田系统对大气CO_2库呈碳汇还是碳源效应取决于土壤有机碳固定和温室气体释放之间的平衡，而不同农田管理措施会改变土壤有机碳含量和储量，影响农田系统的碳循环与碳平衡（张恒恒等，2015；Han et al.，2014；张前兵，2013；王小彬等，2011；黄斌等，2006）。农田生态系统碳平衡的研究方法主要有基于实际测量碳库和碳通量变化的方法，如NEP（净生态系统生产力）估算法、农田耕作系统能流/碳流平衡法等；基于过程的模型方法，如CENTURY模型、DNDC模型（Sansoulet et al.，2014；Han et al.，2014；韩娟，2013）、APSIM模型、EPIC模型等（刘昱等，2015；赵德华等，2006；李银坤等，2013；李旭东，2011；崔凤娟，2011）。Gong等（2015）通过涡度结合微气象的方法对覆膜玉米农田进行了研究，认为地膜覆盖能够促进土壤碳库储量增加，使其成为碳汇。同样地，Li等（2012）采用静态暗箱结合作物生物量，通过NEP估算法研究了棉花农田净生态系统生产力，也认为地膜覆盖措施能够增加土壤碳库储量，使其成为碳汇。而关于免耕一膜多用如何通过影响土壤碳输入与碳输出过程来影响农田生态系统碳平衡，以及免耕一膜多用农田的碳源/碳汇作用尚未得以阐明。

四、地膜覆盖对农作物种植区域的影响

干旱和低温是影响农业生产力布局的重要生态因子，尤其是在干旱、冷凉和高海拔区域。地膜覆盖有效克服了干旱和低温等生态因子的限制，促进了小麦、玉米、棉花等作物种植区域的延伸。

地膜小麦对北方麦区种植制度改革发挥了重要的促进作用。地膜小麦比常规栽培小麦提前成熟3～5d，不仅利于秋季作物增产，而且适宜在秋季作物收获后可播种小麦的区域推广。地膜覆盖种植较露地种植小麦冬春日平均增温1℃左右，可使冬麦区的适宜栽培区向北推移2个纬度，使我国北方春麦区近年来发展冬小麦变为现实（叶殿秀等，2000）。

地膜覆盖使玉米的适作区向高海拔、高寒和干旱半干旱地区延伸。地膜覆盖使我国武陵、秦巴、大别、太行、长白等山区，云贵高原、西北黄土高原，陇南、陇东南部地区，三西地区（甘肃的定西、河西、宁夏的西海固），内蒙古河套、鄂西地区，山西雁北地区，宁夏宁南山区及辽宁、吉林、黑龙江等春迟秋早、无霜期短、不能种植玉米或只能种植早熟玉米的栽培边缘地域的玉米种植面积和产量成倍增长。地膜覆盖还使许多玉米栽培禁区得到开发。从全国来看，一般地膜覆盖种植比露地种植玉米早播7～10d，出苗提前5～7d，即生育期提前10～20d，个别地区可提前1个月，打破了高海拔地区无霜期短和积温低对玉米种植的限制，使原来不能种植玉米的区域可种植早熟、特早熟品种，原来只能种植中熟品种的区域可种植晚熟品种，把玉米的种植区域向高纬度、高海拔、低积温、无霜期短的区域延伸，将不

同品种的适宜种植区向北推移6°～7°，使玉米可种植区的海拔由原来的1500～1600m提高到了2300～2900m（张明峰，1995；毕彩萍，2016）。

五、地膜覆盖的其他作用

地膜覆盖除具有较好的保墒和调节土壤温度作用外，还可有效抑制田间杂草发生、抑盐保苗等。地膜覆盖可显著影响田间杂草生长规律，尤其是一些功能地膜如除草地膜。除草地膜是由普通地膜在生产过程中加入黑色母粒或选择性化学除草剂制成的，具有除草功能的一种农业覆盖薄膜。除草地膜可分为含除草剂的地膜和含阳光屏蔽剂的除草地膜。不同类型的除草地膜对杂草均具有较好的控制效果。例如，配色膜对控制烟草田杂草和提高烟叶质量产量均具有显著效果，对杂草的防效可达60%～90%（徐茜等，2000）。除草地膜对旱坡地花生杂草的防效也可达90%以上，对水田花生杂草的防效可达75%～85%（黄瑶珠等，2006）。除草地膜对棉田杂草的萌发和生长均有显著的抑制作用，对某些草株防效达85%以上，以鲜重计防效达94%以上（周艺峰等，1998）。此外，地膜覆盖具有抑盐的作用，利于碱地开发，在盐碱地棉花、水稻、油葵等作物栽培上得到成功应用（陈奇恩等，1988；郑艳艳等，2007；张培通等，2012）。这是由于一方面地膜覆盖进行物理阻隔作用，使土壤水分蒸发强度降低，盐分沿毛管上升运动减弱，另一方面地膜覆盖条件下土壤水热状况得到改善，可有效阻止盐分表聚，降低了盐分浓度，从而利于作物出苗和生长发育。

第三节　我国地膜覆盖应用现状的特点

一、地膜投入量和覆盖面积的特点

（一）地膜用量持续增加，覆膜面积进一步上升

统计数据显示（中华人民共和国农业农村部，1982-2019），我国地膜使用量由1982年的0.6万t已增加到2018年的140.4万t，未来仍有继续增加的趋势。农作物地膜覆盖面积也一直保持持续增长态势，1982年农作物覆盖面积仅为11.7万hm^2，2014年超过了2664.7万hm^2，主要分布在冷凉和干旱区域。

（二）应用区域不断扩大，地膜使用强度逐年提高

选择近20年全国所有省（自治区、直辖市）的相关数据，分别计算了全国各省（自治区、直辖市）的地膜使用强度。结果显示，在过去20年地膜使用强度呈现增加趋势，幅度一般为3～10倍，尤其是北方寒旱区提高幅度大，使用强度大。调查数据还显示，西北玉米和棉花产区、东北花生产区、华北花生和棉花产区、西南烟草产区及所有蔬菜集中产区是地膜使用强度较高的区域（Yan et al.，2014）。

（三）覆膜作物种类增加，技术模式日臻完善

地膜覆盖应用的作物种类急剧增加，地膜覆盖最初主要用于经济价值比较高的蔬菜、花卉上（中国农用塑料应用技术学会，1998），经过30多年的理论研究与生产实践，现已扩大到花生、西瓜、甘蔗、烟草、棉花等多种经济作物，以及玉米、小麦、水稻等大宗粮食作物上。

二、地膜覆盖在典型区域的应用特点

增加地温、保持土壤水分、抑草灭草、抑盐保苗、增加作物冠层中下部光照均匀程度和增加散射光等是地膜覆盖的主要功能，也是能够提高农作物产量和改善农产品品质的关键，这些特点对我国农业产生了极为重要的影响。地膜覆盖技术应用使我国农业生产力显著提高和生产方式发生改变。2018年我国地膜覆盖面积近3亿亩，地膜投入量140万t以上，应用区域已从北方干旱、半干旱区域扩展到南方的高山、冷凉地区，覆盖作物种类也从经济作物扩大到大宗粮食作物（严昌荣等，2015）。

西北绿洲农业区，主要包括新疆和甘肃河西走廊的广大地区，地处内陆，气候干燥，年降水量50～250mm，而蒸发量却高达2000～3000mm。从20世纪80年代初开始将地膜覆盖应用于棉花种植上，30多年来已逐步发展应用到玉米、甜菜、瓜类、加工番茄和蔬菜等20余种作物的栽培种植上，特别是近些年来膜下滴灌技术的成功推广和应用，更进一步促进了地膜覆盖技术的飞跃发展。截至2019年，新疆地膜覆盖面积已超5000万亩，占总播种面积的75%以上，年地膜总用量达23.8万t，是全国地膜使用量和覆盖栽培面积最大的地区，地膜覆盖栽培已成为新疆农业生产取得高产、稳产的最重要技术措施。

在黄土高原旱作区，地膜覆盖技术是农业生产的核心技术之一，特别是近年随着全膜双垄沟地膜覆盖技术的推广和应用，地膜覆盖面积呈现出大幅度增长的态势。其主要包括甘肃陇东旱作区、宁夏中部干旱带及南部山区及陕西渭北地区和陕北地区。在甘肃陇东地区，地膜使用年限均在10年以上，2009年以前，主要以半膜覆盖栽培为主，2009年以后，陇东开始大面积推广全膜双垄沟地膜覆盖技术，调查结果表明，除了北部靠近河套灌区的靖远县有部分半膜覆盖种植以外（地膜宽度为80cm），其他地区均为全膜双垄沟覆盖（地膜宽度为120cm），主要覆盖作物为玉米，部分马铃薯覆膜为黑色的除草地膜。在宁夏中部地区，地膜覆盖栽培主要分布于南部山区和中部干旱带，南部山区实行全膜双垄沟地膜覆盖技术，地膜宽度为80～120cm，主要覆膜作物为玉米，中部干旱带以马铃薯半膜覆盖栽培及甜瓜半膜覆盖栽培为主。陕西渭北地区（如铜川）有部分半膜覆盖，覆膜作物为玉米、蔬菜。

在华北平原地区棉花生产中，60%以上种植面积都采用了地膜覆盖技术。结果显示，当地主要覆膜作物为棉花，一年一熟、连作、覆膜栽培为当地的主要栽培方

式，机械和人工覆膜作业方式并存，棉花田一般在6月中旬浇头水前揭膜或破膜，以便进行施肥和培土。

在西南武陵山区，地膜覆盖栽培作物种类繁多，如玉米、马铃薯、蔬菜和其他经济作物，尤其是烟草，作为西南武陵山区的重要经济作物，是该地区的支柱产业和农业重要的收入来源。漂浮育苗、平衡施肥和地膜覆盖栽培是目前烟草生产的主推技术，地膜覆盖技术对烟草生产区域扩大、产量和质量提升都具有关键作用。

东北风沙干旱区，包括辽宁、吉林、黑龙江西部及内蒙古东部，年均降水量300～500mm，主要集中在6～9月，地形波状起伏，平均海拔200～1200m，土壤退化严重。主要种植玉米、大豆等作物，一年一熟，是我国的重要粮食产区。近些年来，地膜覆盖技术推广应用正在扩大，特别是辽宁西部地区。主要覆膜作物为玉米、花生和马铃薯、西瓜。

三、地膜覆盖应用面临的挑战

我国农业生产中使用的农用薄膜的主要成分是线性低密度聚乙烯或低密度聚乙烯，分子结构非常稳定，在自然条件下极不易分解，随着地膜覆盖技术的长期和大范围应用，地膜残留导致的“白色污染”正逐年加重，部分地区残膜污染程度令人担忧（严昌荣等，2015）。调查结果表明，全国主要覆膜地区土壤中地膜平均残留量在4.8～17.3kg/亩，其中新疆最为严重，最高达24.4kg/亩，在局部地区地膜残留已给农业生产和环境造成了严重的不良影响。农田土壤中大量地膜残留破坏了土壤结构，导致土壤通透性和孔隙度下降，影响了水肥运移和作物生长发育，降低了农作物产量及随意堆弃造成了“视觉景观污染”等（严昌荣等，2006，2015）。

地膜残留是一种新型的污染形式，也是我国特有的污染类型，国际上类似问题的研究很少，随着地膜残留污染加剧，近年来，国内的科研人员和相关学者开展了一些探索研究，研究重点包括土壤中地膜残留量和空间分布，不同残留量对作物出苗率、根系生长、土壤水分和养分运移的影响等（赵素荣等，1998；李仙岳等，2013；李元桥等，2015），但大部分工作主要集中在局部调查、田间评价试验或者室内模拟试验，缺乏大尺度的长期系统监测数据，对残膜污染区域分布特征、分等定级评价、污染过程和影响因子及对残膜污染土壤结构、作物发育和土壤水分、养分空间分布与作物根系吸收等方面的影响还缺乏深入系统的研究。

然而，地膜覆盖技术快速发展的同时，由于地膜覆盖适宜性评价技术和方法缺乏，某些区域存在滥用、过度使用和不科学使用的问题。不分时间、地点和作物种类，高强度、大规模应用，加剧了地膜残留污染。所以急需在地膜覆盖技术适宜性技术和方法方面开展研究，形成系统的适宜性评价办法，明确不同区域、不同作物地膜覆盖的适宜性及安全覆盖时间，为地膜覆盖技术应用和地膜残留污染防治提供技术支撑。

参考文献

北京市朝阳区农业科学研究所. 1979. 塑料大棚蔬菜薄膜栽培试验简况初报. 农业新技术, 6: 14-18.

毕彩萍. 2016. 地膜覆盖栽培对高寒地区玉米种植区域的延伸程度及产量影响. 农业与技术, 36(5): 107-108.

柴守玺, 杨长刚, 张淑芳, 等. 2015. 不同覆膜方式对旱地冬小麦土壤水分和产量的影响. 作物学报, 41(5): 787-796.

陈奇恩, 尹戒三, 冯永平, 等. 1988. 盐碱地棉田地膜覆盖效应的研究. 中国土壤与肥料, 3: 16-20.

崔凤娟. 2011. 免耕秸秆覆盖对旱作农田土壤呼吸和碳平衡的影响. 呼和浩特: 内蒙古农业大学硕士学位论文.

党占平, 刘文国, 周济铭, 等. 2007. 渭北旱地冬小麦不同覆盖模式增温效应研究. 西北农业学报, 16(2): 24-27.

冯禹, 郝卫平, 高丽丽, 等. 2018. 地膜覆盖对旱作玉米田水热通量传输的影响研究农业机械学报, 49(12): 300-313.

韩娟. 2013. 沟垄集雨种植条件下农田土壤水温与产量效应的DNDC模型模拟研究. 杨凌: 西北农林科技大学博士学位论文.

何二良, 颉炜清, 吕汰, 等. 2015. 地膜颜色与起垄覆盖方式对马铃薯产量的影响. 甘肃农业科技, 7: 55-57.

黄斌, 王敬国, 龚元石, 等. 2006. 冬小麦夏玉米农田土壤呼吸与碳平衡的研究. 农业环境科学学报, 25(1): 156-160.

黄瑶珠, 陈明周, 杨友军. 2006. 花生专用除草地膜覆盖栽培技术. 广东农业科学, 4: 24-25.

李世朋, 蔡祖聪, 杨浩, 等. 2009. 长期定位施肥与地膜覆盖对土壤肥力和生物学性质的影响. 生态学报, 29(5): 2489-2498.

李仙岳, 史海滨, 吕烨, 等. 2013. 土壤中不同残膜量对滴灌入渗的影响及不确定性分析. 农业水土工程, 29(8): 84-90.

李旭东. 2011. 黄土高原草地与农田系统土壤呼吸及碳平衡. 兰州: 兰州大学博士学位论文.

李银坤, 陈敏鹏, 夏旭, 等. 2013. 不同氮水平下夏玉米农田土壤呼吸动态变化及碳平衡研究. 生态环境学报, 22(1): 18-24.

李元桥, 何文清, 严昌荣, 等. 2015. 点源供水条件下残膜对土壤水分运移的影响. 农业工程学报, 31(6): 145-149.

梁贻仓, 王俊, 刘全全, 等. 2014. 地表覆盖对黄土高原土壤有机碳及其组分的影响. 干旱地区农业研究, 32(5): 161-167.

林团荣, 胡冰, 韩素娥, 等. 2014. 旱作马铃薯不同膜色不同覆膜方式对比试验研究. 内蒙古农业科技, 3: 43-44.

刘昱, 陈敏鹏, 陈吉宁, 等. 2015. 农田生态系统碳循环模型研究进展和展望. 农业工程学报, 31(3): 1-9.

买自珍. 2011. 不同膜色和覆盖方式对马铃薯地温及水分效应的影响. 宁夏农林科技, 52(05): 3-4, 25.

覃程荣, 王双飞, 宋海农, 等. 2002. 甘蔗渣生产全降解农用地膜的研究. 现代化工, 22(11): 24-28.

王立华, 孙桂杰. 2010. 土壤温度对玉米种子出苗的影响. 种子科技, 10: 28-29.

王小彬, 王燕, 代快, 等. 2011. 旱地农田不同耕作系统的能量/碳平衡. 生态学报, 31(16): 4638-4652.

谢驾阳, 王朝辉, 李生秀. 2010. 地表覆草和覆膜对西北旱地土壤有机碳氮和生物活性的影响. 生态学报, 30(24): 6781-6786.

徐茜, 黄端启, 周泽启, 等. 2000. 不同类型地膜覆盖对烟田杂草控制效果. 杂草学报, 4: 33-35.

严昌荣, 何文清, 刘爽, 等. 2015. 中国地膜覆盖及残留污染防控. 北京: 科学出版社: 43-52.

杨惠娣. 2000. 塑料农膜与生态环境保护. 北京: 化学工业出版社: 110-113.

叶殿秀, 高莹, 郭兆夏. 2000. 由温度论陕西地膜冬小麦种植适宜区北界. 陕西气象, 2: 26-28.

张恒恒, 严昌荣, 张燕卿, 等. 2015. 北方旱区免耕对农田生态系统固碳与碳平衡的影响. 农业工程学报, 31(4): 240-247.

张琳琳, 孙仕军, 陈志军, 等. 2018. 不同颜色地膜与种植密度对春玉米干物质积累和产量的影响. 应用生态学报, 29(01): 113-124.

张明峰. 1995. 地膜覆盖栽培对玉米种植区域的延伸程度. 玉米科学, 3(3): 40-43.

张培通, 纪从亮, 刘瑞显, 等. 2012. 江苏沿海滩涂盐碱地地膜棉精播高产栽培技术及其原理. 中国棉花, 39(4): 8-10.

张前兵. 2013. 干旱区不同管理措施下绿洲棉田土壤呼吸及碳平衡研究. 石河子: 石河子大学博士学位论文.

赵爱琴, 魏秀菊, 朱明. 2015. 基于Meta-analysis的中国马铃薯地膜覆盖产量效应分析. 农业工程学报, (24): 1-7.

赵德华, 李建龙, 齐家国, 等. 2006. 陆地生态系统碳平衡主要研究方法评述. 生态学报, 26(8): 2655-2662.

赵凌云. 2018. 我国生物降解塑料PBAT 产业化现状与建议. 聚酯工业, 31(5): 9-11.

赵素荣, 张书荣, 徐霞, 等. 1998. 农膜残留污染研究. 农业环境与发展, 57: 7-10.

郑艳艳, 薛忠, 孙兆军. 2007. 盐碱地膜草覆盖、覆膜、裸地油葵对比试验研究. 山西农业大学学报(自然科学版), 27(3): 254-257.

中国农用塑料应用技术学会. 1998. 新编地膜覆盖栽培技术大全. 北京: 中国农业出版社.

中华人民共和国农业农村部. 1982-2019. 中国农业年鉴. 北京: 中国农业出版社.

朱江, 艾训儒, 易咏梅, 等. 2012. 不同海拔梯度上地膜覆盖和不同肥力水平对马铃薯的影响. 湖北民族学院学报(自然科学版), 30(3): 330-334.

周艺峰, 聂王焰, 沙鸿飞, 等. 1998. 除草地膜对棉田杂草的防除试验. 安徽农业大学学报, 25(3): 248-250.

Álvaro-Fuentes J, Cantero-Martínez C, López M V, et al. 2007. Soil carbon dioxide fluxes following tillage in semiarid Mediterranean agroecosystems. Soil and Tillage Research, 96: 331-341.

An T, Schaeffer S, Li S, et al. 2015. Carbon fluxes from plants to soil and dynamics of microbial immobilization under plastic film mulching and fertilizer application using 13 C pulse-labeling. Soil Biology and Biochemistry, 80: 53-61.

Baghour M, Moreno D A, Víllora G, et al. 2002. Root zone temperature affects the phytoextraction of ba, cl, sn, pt, and rb using potato plants (*Solanum tuberosum* L. var. *spunta*) in the field. Environmental Letters, 37: 71-84.

Borenstein M, Hedges L V, Higgins J P T, et al. 2009. Introduction to Meta-Analysis. West Sussex: Wiley.

Chen H, Li X, Hu F, et al. 2013. Soil nitrous oxide emissions following crop residue addition: a meta-analysis. Global Change Biology, 19: 2956-2964.

Chipman E W. 1961. Studies of tomato response to mulching on ridged and flat rows. Research, 41: 10-15.

Curtis P S, Wang X. 1998. A meta-analysis of elevated CO_2 effects on woody plant mass, form, and physiology. Oecologia, 113: 299-313.

Daryanto S, Wang L X, Jacinthe P A. 2017. Can ridge-furrow plastic mulching replace irrigation in dryland wheat and maize cropping systems? Agricultural Water Manage, 190: 1-5.

FAO. 2015. FAO Cereal Supply and Demand Brief. http://www.fao.org/worldfoodsituation/csdb/en/[2015-3-3].

Gan Y, Siddique K H M, Turner N C, et al. 2013. Chapter seven-ridge-furrow mulching systems-an innovative technique for boosting crop productivity in semiarid rain-fed environments. Advancesin Agronomy, 118: 429-476.

Gao H H, Yan C R, Liu Q, et al. 2018. Effects of plastic mulching and plastic residue on agricultural production: a meta-analysis. Science of the Total Environment, 651: 484-492.

Ghawi I, Battikhi A M. 2010. Watermelon (*Citrullus lanatus*) production under mulch and trickle irrigation in the jordan valley. Journal of Agronomy and Crop Science, 156: 225-236.

Gong D Z, Hao W P, Mei X R, et al. 2015. Warmer and wetter soil stimulates assimilation more than respiration in rainfed agricultural ecosystem on the China Loess Plateau: the role of partial plastic film mulching tillage. PLoS One, 10(8): e0136578.

Gordon G G, Foshee W G, Reed S T, et al. 2006. The effects of colored plastic mulches and row covers on the growth and yield of okra. HortTechnology, 20: 224-233.

Guo Q, Yu L L. 2016. Effects of different types of plastic films on yield and water use efficiency. Journal of Irrigation and Drainage Engineering, 35: 73-77.

Han J, Jia Z, Wu W, et al. 2014. Modeling impacts of film mulching on rainfed crop yield in Northern China with DNDC. Field Crops Research, 155: 202-212.

Hedges L V, Gurevitch J, Curtis P S. 1999. The meta-analysis of response ratios in experimental ecology. Ecology, 80: 1150-1156.

Ibarra-Jiménez L, Lira-Saldivar R H, Valdez-Aguilar L A, et al. 2011. Colored plastic mulches affect soil temperature and tuber production of potato. Acta Agriculturae Scandinavica, Section B—Soil & Plant Science, 61: 365-371.

Jia H, Zhang Y, Tian S, et al. 2017. Reserving winter snow for the relief of spring drought by film mulching in Northeast China. Field Crops Research, 209: 58-64.

Kuzyakov Y. 2006. Sources of CO_2 efflux from soil and review of partitioning methods. Soil Biology and Biochemistry, 38(3): 425-448.

Li B F, Chen Y N, Chen Z S, et al. 2016. Why does precipitation in northwest China show a significant increasing trend from 1960 to 2010? Atmospheric Research, 167: 275-284.

Li F M, Wang J, Xu J Z, et al. 2004. Productivity and soil response to plastic film mulching durations for spring wheat on entisols in the semiarid Loess Plateau of China. Soil Tillage Research, 78: 9-20.

Li F M, Yan X, Wang J, et al. 2001. The mechanism of yield decrease of spring wheat resulted from plastic film mulching. Scientia Agricultural Sinica, 34: 330-333.

Li Q, Li H, Zhang L, et al. 2018. Mulching improves yield and water-use efficiency of potato cropping in China: a meta-analysis. Field Crops Research, 221: 50-60.

Li Z G, Zhang R H, Wang X J, et al. 2012. Growing season carbon dioxide exchange in flooded non-mulching and non-flooded mulching cotton. PLoS One, 7(11): e50760.

Liakatas A, Clark J A, Monteith J L. 1986. Measurements of the heat balance under plastic mulches. i. Radiation balance and soil heat flux. Agricultural and Forest Meteorology, 36: 227-239.

Liu E K, He W Q, Yan C R. 2014. 'White revolution' to 'white pollution'-agricultural plastic film mulch in China. Environmental Research Letters, 9(9): 091001.

Liu X J, Wang J C, Lu S H, et al. 2003. Effects of non-flooded mulching cultivation on crop yield, nutrient uptake and nutrient balance in rice-wheat cropping systems. Field Crops Research, 83: 297-311.

Luo Z, Wang E, Sun O J. 2010. Can no-tillage stimulate carbon sequestration in agricultural soils: a meta-analysis of paired experiments. Agriculture, Ecosystems & Environment, 139: 224-231.

Memon M S, Zhou J, Guo J, et al. 2017. Comprehensive review for the effects of ridge furrow plastic mulching on crop yield and water use efficiency under different crops. International Agricultural Engineering Journal, 26: 58-64.

Mo F, Wang J Y, Xiong Y C, et al. 2016. Ridge-furrow mulching system in semiarid Kenya: a promising solution to improve soil water availability and maize productivity. European Journal of Agronomy, 80: 124-136.

Omonode R A, Vyn T J, Smith D R, et al. 2007. Soil carbon dioxide and methane fluxes from long-term tillage systems in continuous corn and corn-soybean rotations. Soil and Tillage Research, 95: 182-195.

Oorts K, Nicolardot B, Merckx R, et al. 2006. C and N mineralization of undisrupted and disrupted soil from different structural zones of conventional tillage and no-tillage systems in northern France. Soil Biology and Biochemistry, 38: 2576-2586.

Pandey D, Agrawal M, Bohra J S. 2012. Greenhouse gas emissions from rice crop with different tillage permutations in rice-wheat system. Agriculture, Ecosystems & Environment, 159: 133-144.

Pittelkow C M, Liang X, Linquist B A, et al. 2015. Productivity limits and potentials of the principles of conservation agriculture. Nature, 517(7534): 365.

Qin S, Zhang J, Dai H, et al. 2014. Effect of ridge-furrow and plastic-mulching planting patterns on yield formation and water movement of potato in a semi-arid area. Agricultural Water Management, 131: 87-94.

Rosenberg N J, Adams D C, Gurevitch J. 2000. MetaWin: Statistical Software for Meta-Analysis. Version 2.0. Sunderland, MA: Sinauer.

Sansoulet J, Pattey E, Kröbel R, et al. 2014. Comparing the performance of the STICS, DNDC, and DayCent models for predicting N uptake and biomass of spring wheat in Eastern Canada. Field Crops Research, 156: 135-150.

Shan J, Yan X. 2013. Effects of crop residue returning on nitrous oxide emissions in agricultural soils. Atmospheric Environment, 71: 170-175.

Sreedevi S, Babu B M, Kandpal K, et al. 2017. Effect of colour plastic mulching at different drip irrigation levels on growth and yield of brinjal (*Solanum melongena* L.). Farm Science, 30: 525-529.

Wang T C, Wei L, Tian Y, et al. 2009. Influence on yield and quality on the farmland scale of winter wheat-summer maize double cropping system. Journal of Maize Science, 17: 108-112.

Wei Q, Hu C, Oenema O. 2015. Soil mulching significantly enhances yields and water and nitrogen use efficiencies of maize and wheat: a meta-analysis. Scientific Reports, 5: 16210.

Yan C R, He W Q, Turner N C, et al. 2014. Plastic-film mulch in Chinese agriculture: importance and problems. World Agriculture, 4(2): 32-36.

Zhang P, Zhang X F, Wei T, et al. 2012. Effects of furrow planting with ridge film mulching and side planting with flat film mulching on photosynthesis and yield of winter wheat. Agricultural Research in the Arid Areas, 30: 32-37.

Zhang Q. 2017. Effects of different color film mulching on soil moisture-heat and yield of maize. Water Saving Irrigation, 4: 57-61.

Zhao H, Xiong Y C, Li F M, et al. 2012. Plastic film mulch for half growing-season maximized WUE and yield of potato via moisture-temperature improvement in a semi-arid agroecosystem. Agricultural Water Management, 104: 68-78.

Zhou L M, Jin S L, Liu C A, et al. 2012. Ridge-furrow and plastic-mulching tillage enhances maize-soil interactions: opportunities and challenges in a semiarid agroecosystem. Field Crops Research, 126(1):181-188.

第二章　地膜覆盖技术的应用及预测

第一节　地膜覆盖对主要作物生产的贡献

一、地膜覆盖对玉米生产的影响

通过Meta分析方法定量地研究了地膜覆盖对我国玉米在产量和水分利用效率方面的影响。研究结果表明，地膜覆盖技术的应用显著提高了我国玉米产量（增产29.3%）和水分利用效率（提高29.5%），但在不同种植区域、气候条件、管理措施和耕作方式下的表现不一致（图2-1）。

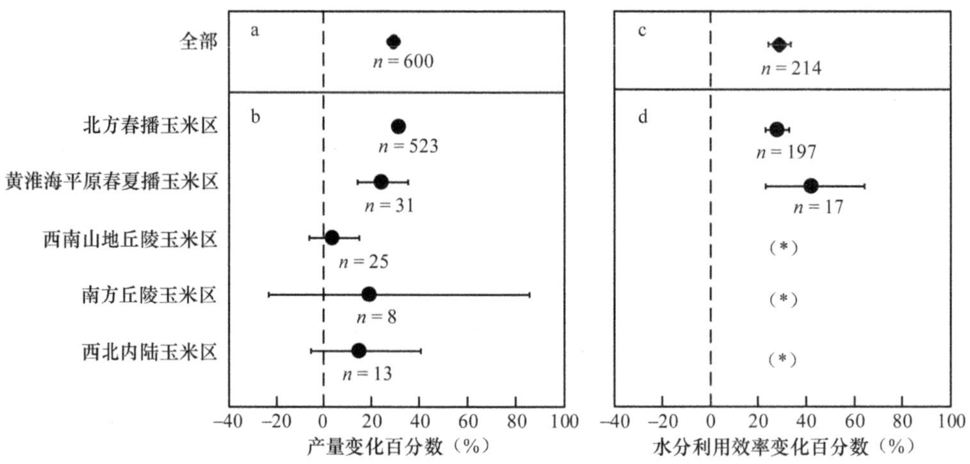

图2-1　地膜覆盖技术对不同地区玉米产量和水分利用效率的影响

误差条代表95%的置信区间，字母“*n*”表示观察值的数量，（*）表示没有观察值

在区域尺度上，地膜覆盖对玉米产量和水分利用效率方面的影响因地区不同而产生差异。地膜覆盖增产效果在我国北方春播玉米区表现最好，增产31.4%（试验点主要集中在吉林省和黑龙江省），其次依次是黄淮海平原春夏播玉米区（增产24.4%）、南方丘陵玉米区（增产19.3%）、西北内陆玉米区（增产15.2%）和西南山地丘陵玉米区（增产3.8%），且西南山地丘陵玉米区、南方丘陵玉米区和西北内陆玉米区的变化不明显。由于在西南山地丘陵玉米区、南方丘陵玉米区和西北内陆玉米区没有发现关于地膜覆盖对玉米水分利用效率影响方面的研究，因此，仅在其他2个地区研究了地膜覆盖对玉米水分利用效率的影响。结果表明，地膜覆盖能显著提高黄淮海平原春夏播玉米区玉米的水分利用效率（提高42.8%），其次是北方春播玉米区（提高28.4%）（图2-1）。

在覆盖地膜的基础上，垄作和平作都显著提高玉米产量（分别增产33.6%和21.8%）与水分利用效率（分别提高30.8%和27.5%）。垄作地膜覆盖方式比平作地膜覆盖方式更能显著提高玉米产量，但在不同地膜覆盖方式之间玉米水分利用效率没有显著差异（图2-2）。

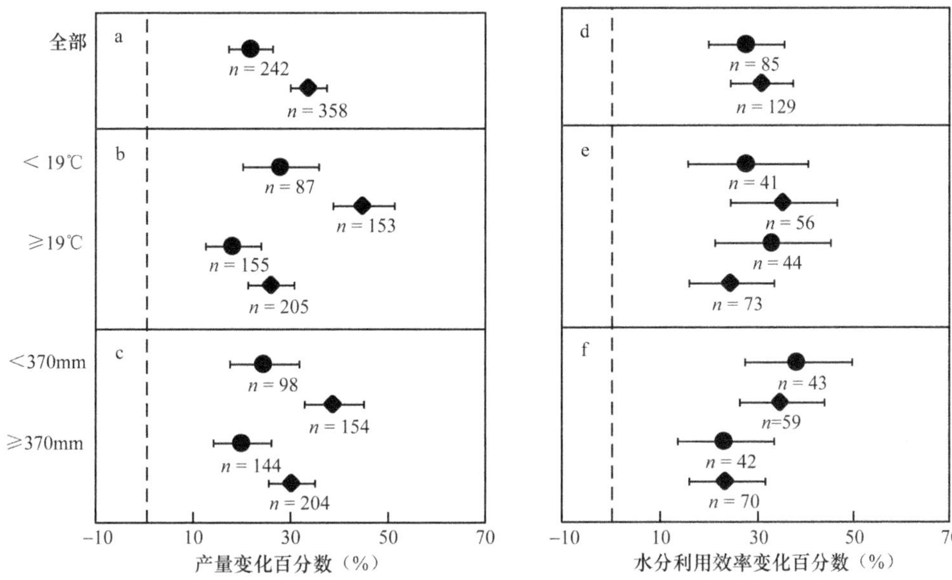

图2-2　不同地膜覆盖方式对玉米产量和水分利用效率的影响

（◆）代表"地膜覆盖+垄作"，（●）代表"地膜覆盖+平作"，误差条代表95%的置信区间，字母"n"表示观察值的数量

研究发现，随着生育期均温和降水量的增加，无论是平作地膜覆盖还是垄作地膜覆盖，玉米产量和水分利用效率均呈下降趋势。同时，在玉米生育期，无论是均温<19℃还是降水量<370mm，垄作地膜覆盖比平作地膜覆盖更能提高玉米产量（分别增产44.8%和25.9%），但在水分利用效率方面不同地膜覆盖方式间差异不显著（图2-2）。

通过对国际上同行评议文献的全面回顾，发现应用在玉米上的地膜为透明和黑色两种，很少有研究报道其他颜色的地膜。为此，本研究仅将地膜颜色分为透明和黑色两种。我们通过Meta分析发现，不同颜色地膜覆盖均显著提高了玉米的产量（透明地膜覆盖增产29.9%，黑色地膜增产23.0%）与水分利用效率（透明地膜提高29.1%，黑色地膜提高33.8%），但不同颜色地膜之间没有显著差异。透明地膜和黑色地膜对玉米产量与水分利用效率的影响随玉米生长期均温及降水量的增加而减弱，但不同均温与降水量间差异也不显著（图2-3）。

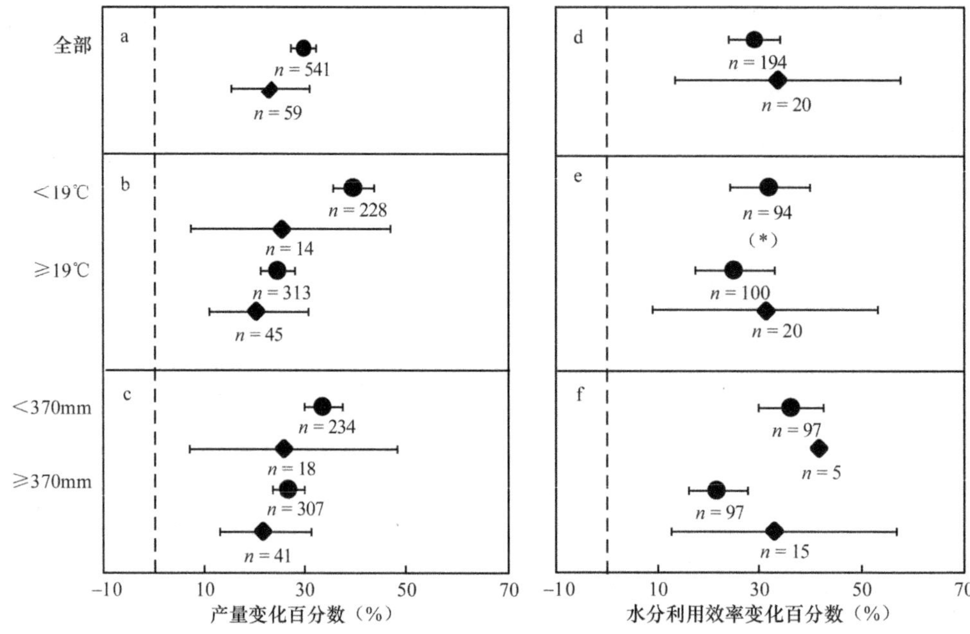

图2-3　不同地膜颜色对玉米产量和水分利用效率的影响

（◆）代表“黑色地膜覆盖”，（●）代表“透明地膜覆盖”，误差条代表95%的置信区间，字母“n”表示观察值的数量，（*）表示没有观察值

在产量方面，全膜覆盖相比半膜覆盖更能显著提高玉米产量（分别增产42.0%和22.0%）。但在水分利用效率方面，全膜覆盖和半膜覆盖间没有显著差异。地膜覆盖时期不同对玉米产量和水分利用效率的影响也不同。我们的结果表明，休耕期地膜覆盖（增产59.56%）相比顶凌期和生育期地膜覆盖更能提高玉米产量，但不同地膜覆盖时期间玉米水分利用效率没有显著差异（图2-4）。

二、地膜覆盖对马铃薯生产的影响

运用Meta分析定量地研究了地膜覆盖对我国马铃薯在增产和节水方面的影响。研究结果表明，地膜覆盖技术的应用显著提高了我国马铃薯产量（增产30.6%）和水分利用效率（提高30.3%），且在研究的三种作物中增产率和水分利用效率提高率最高（马铃薯分别为30.6%和30.3%，玉米分别为29.3%和29.5%，棉花分别为22.9%和25.0%）。但由于我国不同种植区域的气候条件、管理措施和耕作方式不同，产量与水分利用效率之间存在一定的差异（图2-5）。

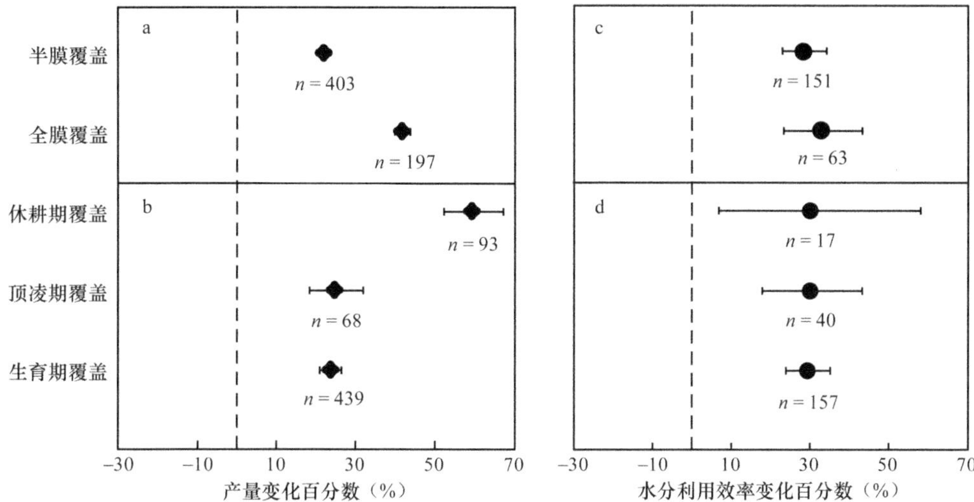

图2-4　不同地膜覆盖量与覆盖时期对玉米产量和水分利用效率的影响

误差条代表95%的置信区间，字母“n”表示观察值的数量

在区域尺度上，地膜覆盖对马铃薯产量和水分利用效率的影响因地区不同而产生差异。地膜覆盖增产效果在我国北方一作区表现最好，增产31.6%，其次依次是中原二作区（增产31.0%）、南方二作区（增产30.1%）和西南混作区（6.5%），且在西南混作区变化不显著。由于在南方二作区没有发现关于地膜覆盖对马铃薯水分利用效率影响方面的研究，因此，仅在其他3个地区研究了地膜覆盖对马铃薯水分利用效率的影响。地膜覆盖能显著提高北方一作区马铃薯的水分利用效率（提高31.4%），但中原二作区（提高14.3%）和西南混作区（提高0.3%）变化不显著（图2-5）。

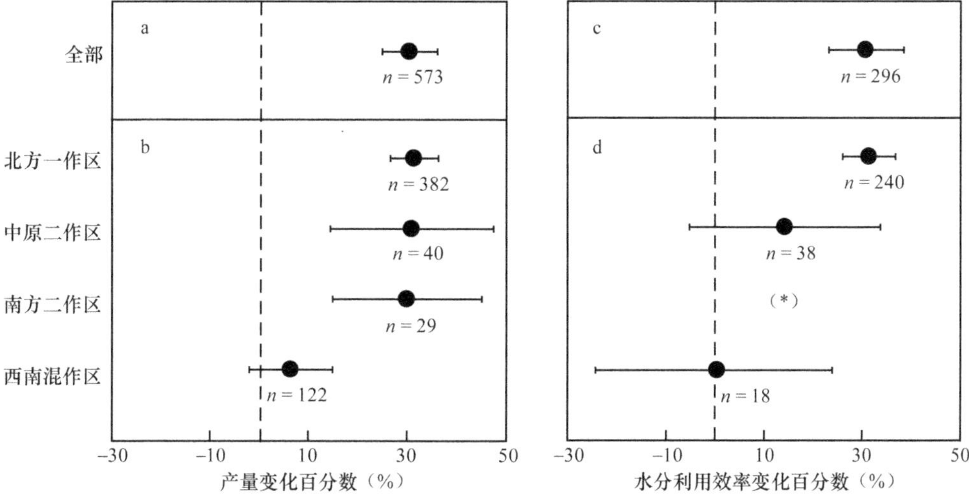

图2-5　地膜覆盖技术对不同地区马铃薯产量和水分利用效率的影响

误差条代表95%的置信区间，字母“n”表示观察值的数量，（*）表示没有观察值

在种植方式方面，平作地膜覆盖和垄作地膜覆盖都显著提高了马铃薯产量（分别增产26.1%和27.1%）与水分利用效率（分别提高25.4%和28.1%），但不同种植方式之间马铃薯产量和水分利用效率没有显著差异（图2-6）。

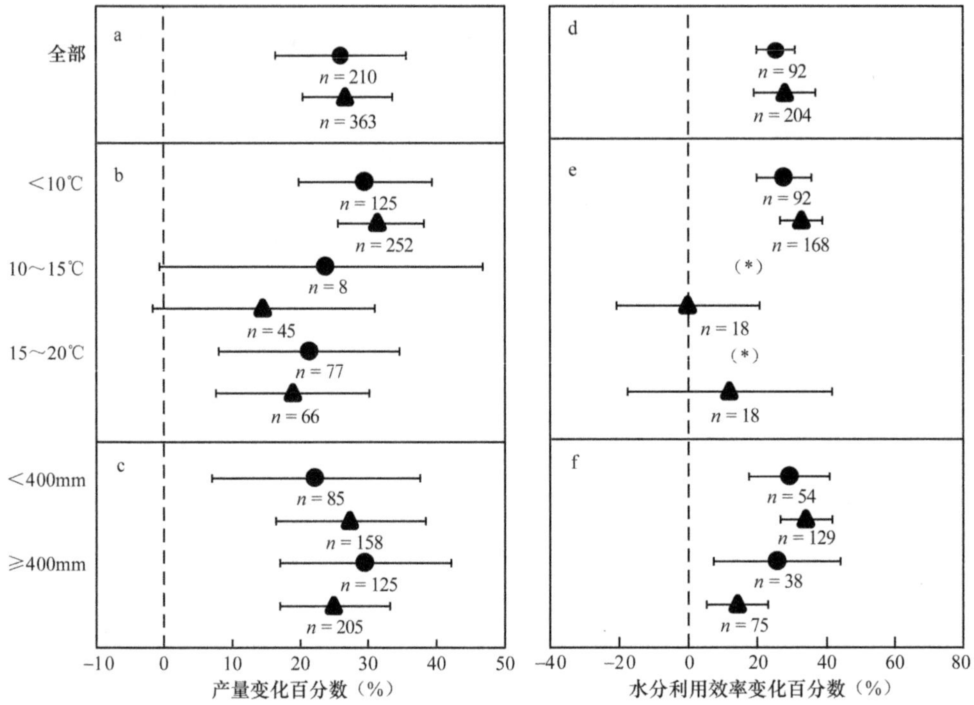

图2-6 不同地膜覆盖方式对马铃薯产量和水分利用效率的影响

（◆）代表"地膜覆盖+垄作"，（●）代表"地膜覆盖+平作"，误差条代表95%的置信区间，字母"*n*"表示观察值的数量

在马铃薯生育期无论是均温<10℃，还是降水量<400mm，垄作地膜覆盖提高马铃薯产量和水分利用效率的效果均最佳（均温<10℃时分别提高29.7%和27.9%；降水量<400mm时分别提高27.4%和34.2%），但是随着温度和水分输入水平的增加（温度>10℃，降水量>400mm），垄作地膜覆盖对马铃薯产量和水分利用效率的提高效率低于平作地膜覆盖（图2-6）。

在地膜颜色方面，不同颜色地膜覆盖均显著提高了马铃薯的产量（透明地膜覆盖增产26.7%，黑色地膜增产28.0%）和水分利用效率（透明地膜提高25.2%，黑色地膜提高29.0%），但不同地膜颜色之间的差异不显著。在马铃薯生育期无论是均温<10℃，还是降水量<400mm，透明地膜覆盖提高马铃薯产量和水分利用效率的效果均最佳（均温<10℃时分别提高34.3%和31.5%；降水量<400mm时分别提高26.9%和34.2%），但当马铃薯生育期均温>15℃或降水量>400mm时，黑色地膜提高马铃薯产量和水分利用效率的效果均最佳（均温>10℃时增产35.7%；降水量>400mm时分别提高31.6%和37.6%）。研究发现，马铃薯在低温、低水分输入条件下种植时，应用透明地膜效果好；相反，高温和高水分输入时，应用黑色地膜效果好（图2-7）。

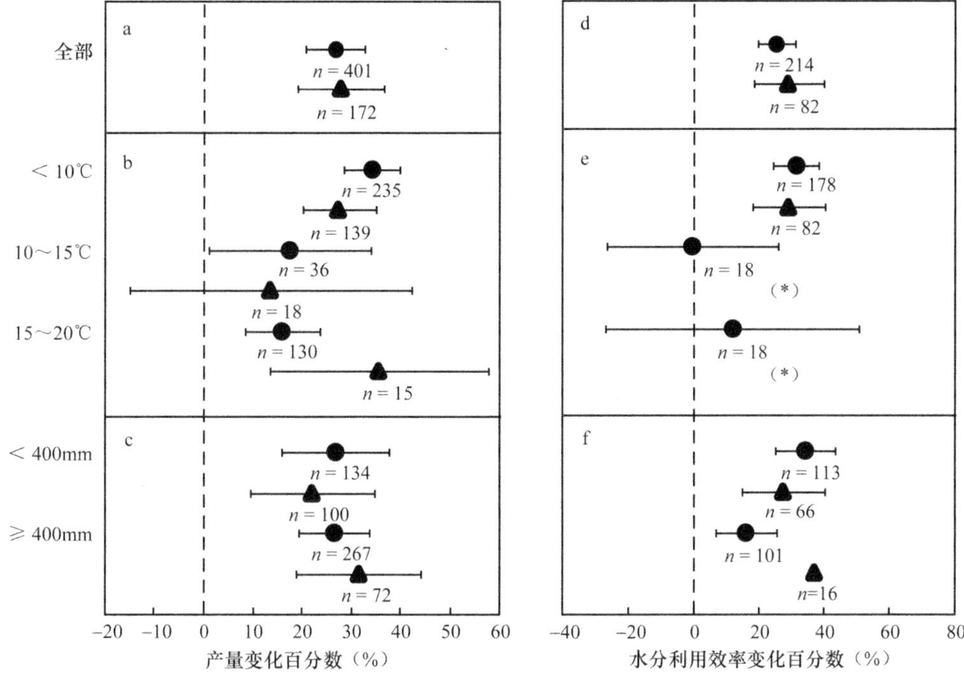

图2-7　不同地膜颜色对马铃薯产量和水分利用效率的影响

（◆）代表“黑色地膜覆盖”，（●）代表“透明地膜覆盖”，误差条代表95%的置信区间，字母“*n*”表示观察值的数量，（*）表示没有观察值

三、地膜覆盖对棉花生产的影响

运用Meta分析方法定量地研究了地膜覆盖对我国棉花在产量和水分利用效率方面的影响。研究结果表明，地膜覆盖技术的应用显著提高了我国棉花产量（增产22.9%）和水分利用效率（提高25.0%）（图2-8）。

在区域尺度上，地膜覆盖对棉花产量和水分利用效率方面的影响因地区不同而产生差异。地膜覆盖在提高产量和水分利用效率方面的效果均在我国西北棉区表现最好，分别提高30.7%和37.6%，其次是黄河流域棉区，分别提高25.1%和22.7%，最后是长江流域棉区，分别提高19.7%和18.5%（图2-8）。

在种植方式上，平作地膜覆盖和垄作地膜覆盖都显著提高了棉花产量（分别增产23.8%和31.2%）和水分利用效率（分别提高22.1%和37.2%），但在不同种植方式之间没有显著差异。随着均温和降水量的增加，无论是垄作地膜覆盖还是平作地膜

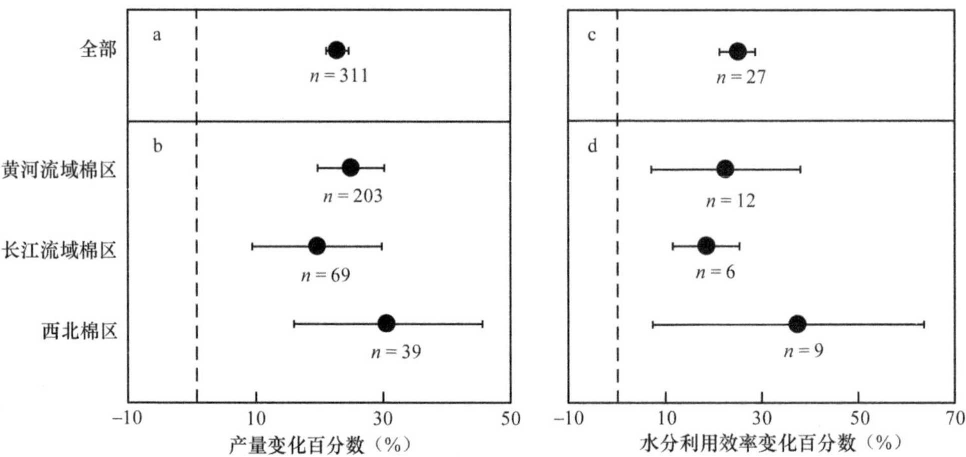

图2-8 地膜覆盖技术对不同地区棉花产量和水分利用效率的影响

误差条代表95%的置信区间，字母“n”表示观察值的数量

覆盖，棉花产量呈下降趋势。同时，在棉花生育期，无论均温＜18℃还是降水量＜400mm，垄作地膜覆盖对棉花产量和水分利用效率的提高效果都最佳（分别提高46.9%和36.5%）（图2-9）。

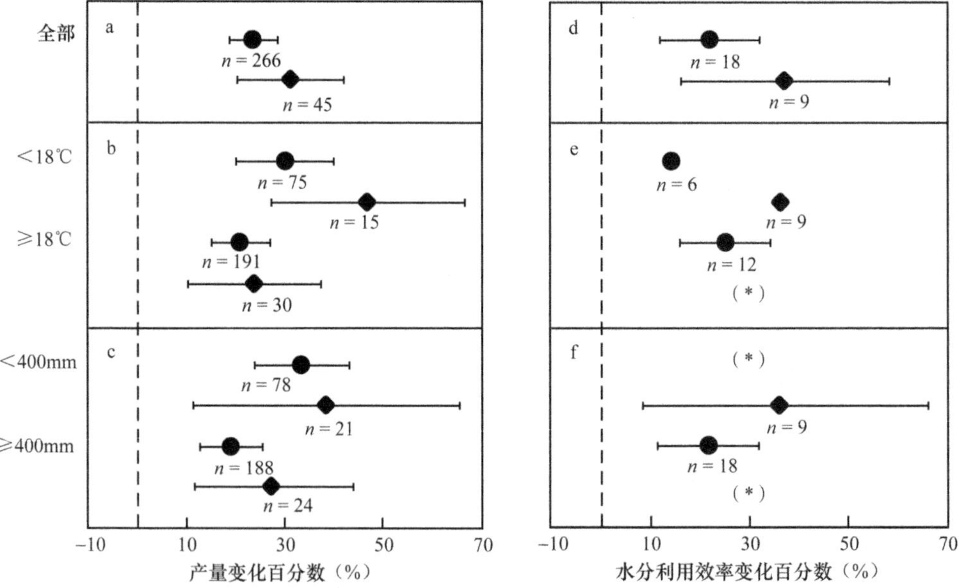

图2-9 不同地膜覆盖方式对棉花产量和水分利用效率的影响

（◆）代表“地膜覆盖+垄作”，（●）代表“地膜覆盖+平作”，误差条代表95%的置信区间，字母“n”表示观察值的数量，（*）表示没有观察值

通过对国际上同行评议文献的全面回顾，发现应用在棉花上的地膜为透明色，几乎没有发现有研究报道其他颜色的地膜。为此，本研究仅研究透明地膜在生育期不同均温和降水量条件下对棉花产量与水分利用效率的影响。研究发现，透明地膜对低温和低水分输入条件下棉花产量与水分利用效率影响最大（产量分别提高31.6%和32.0%；水分利用效率分别提高24.5%和24.2%）。透明地膜对棉花产量和水分利用效率的影响随生育期均温和水分输入水平的增加而减弱，但不同均温和降水量间差异不显著（图2-10）。

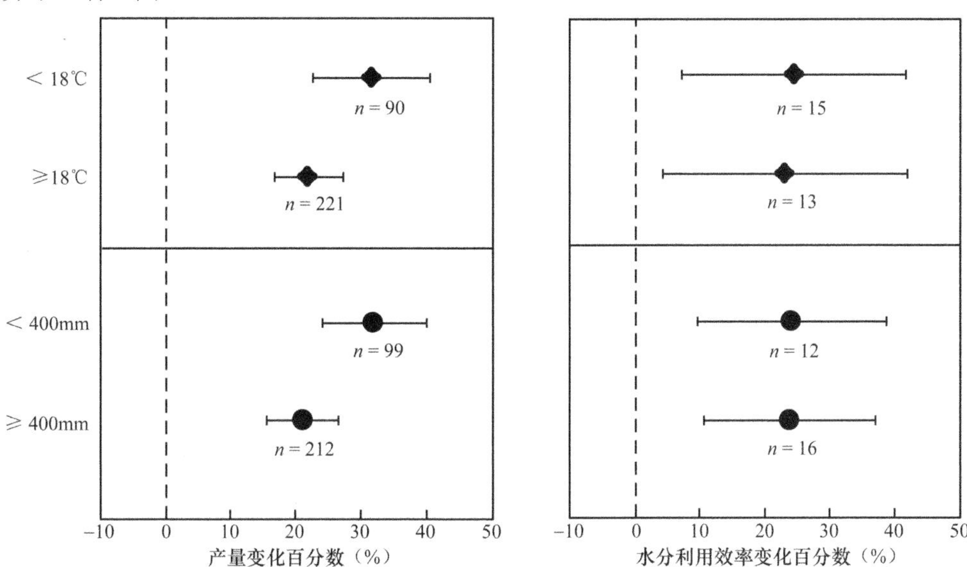

图2-10 透明地膜对棉花产量和水分利用效率的影响

误差条代表95%的置信区间，字母“*n*”表示观察值的数量

第二节 我国地膜覆盖应用的变化特点

一、地膜使用量的时序变化

依据《中国农村统计年鉴》获取全国地膜使用量序列，利用线性倾向估计法对地膜使用量进行变化趋势分析。由图2-11可知，1993～2018年地膜使用量平均为98.1万t，最低值为37.5万t（1993年），最高值为147.0万t（2016年），线性倾向率为4.5万t/a（$P<0.01$）。

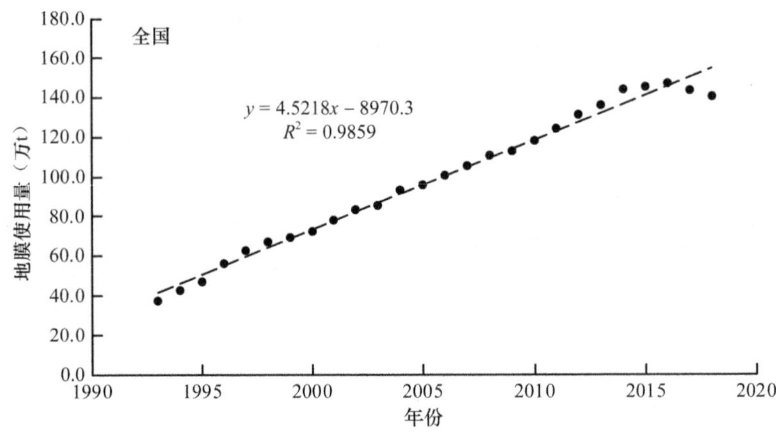

图2-11　我国地膜使用量时序变化特点（1993～2018年）

利用线性倾向估计法对典型地区地膜使用量进行变化趋势分析（图2-12）。1993～2018年山东地膜使用量平均为11.3万t，最低值为4.4万t（1993年），最高值为15.1万t（2007年），山东地膜使用量呈现先增加后减少的变化趋势，1993～2007年线性倾向率为0.80万t/a（$P<0.01$），2008～2018年线性倾向率为-0.4万t/a（$P<0.01$）。1993～2018年四川地膜使用量平均为6.3万t，最低值为1.8万t（1993年），最高值为9.2万t（2016年），四川地膜使用量呈现显著递增的变化趋势，线性倾向率为0.28万t/a（$P<0.01$）。云南地膜使用量平均为5.7万t，最低值为2.7万t（1993年），最高值为9.6万t（2017年），云南地膜使用量呈现显著递增的变化趋势，线性倾向率为0.31万t/a（$P<0.01$）。新疆地膜使用量平均为12.7万t，最低值为3.9万t（1993年），最高值为23.8万t（2018年），新疆地膜使用量呈现显著递增的变化趋势，线性倾向率为0.77万t/a（$P<0.01$）。内蒙古地膜使用量平均为3.8万t，最低值为0.6万t（1993年），最高值为7.8万t（2017年），内蒙古地膜使用量呈现显著递增的变化趋势，线性倾向率为0.28万t/a（$P<0.01$）。甘肃地膜使用量平均为6.3万t，最低值为2.0万t（1995年），最高值为12.7万t（2016年），甘肃地膜使用量呈现显著递增的变化趋势，1993～2004年线性倾向率为0.26万t/a（$P<0.01$），2005～2018年线性倾向率为0.64万t/a（$P<0.01$）。

二、地膜覆盖面积的时序变化

依据《中国农村统计年鉴》获取全国地膜覆盖面积序列，利用线性倾向估计法对地膜覆盖面积进行变化趋势分析。由图2-13可知，1993～2018年地膜覆盖面积平均为1247.7万hm^2，最低值为572.2万hm^2（1993年），最高值为1865.7万hm^2（2017年），线性倾向率为53.1万hm^2/a（$P<0.01$）。

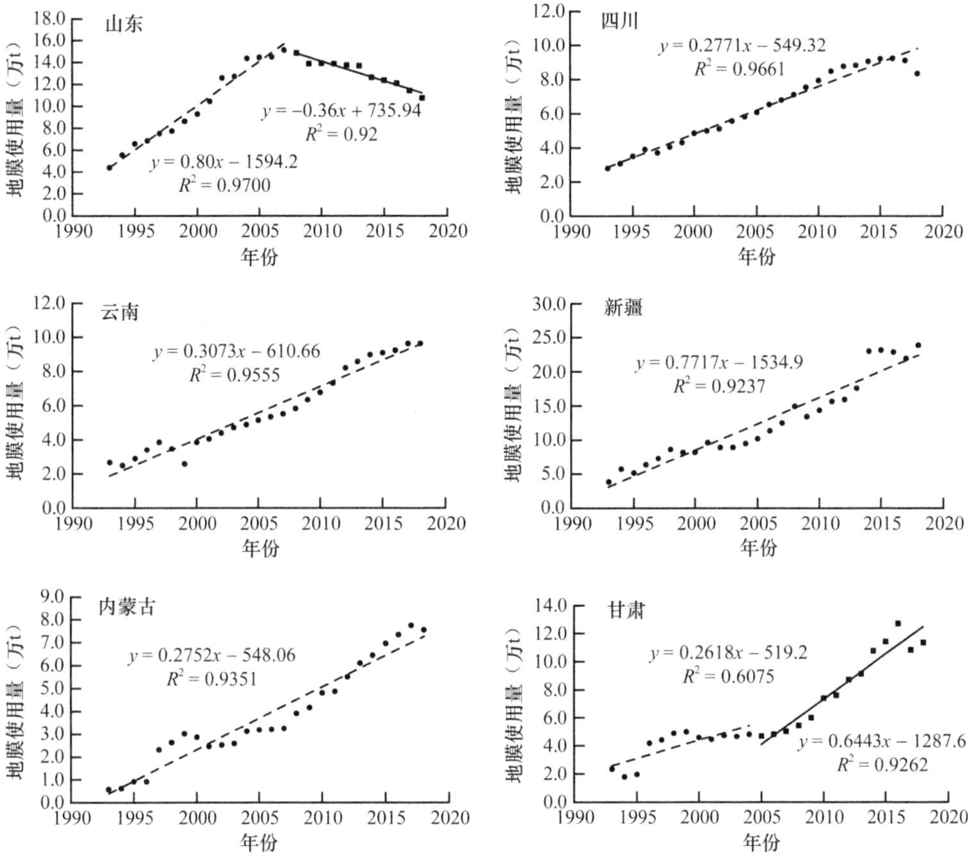

山东
$y = 0.80x - 1594.2$
$R^2 = 0.9700$
$y = -0.36x + 735.94$
$R^2 = 0.92$
四川
$y = 0.2771x - 549.32$
$R^2 = 0.9661$
云南
$y = 0.3073x - 610.66$
$R^2 = 0.9555$
新疆
$y = 0.7717x - 1534.9$
$R^2 = 0.9237$
内蒙古
$y = 0.2752x - 548.06$
$R^2 = 0.9351$
甘肃
$y = 0.2618x - 519.2$
$R^2 = 0.6075$
$y = 0.6443x - 1287.6$
$R^2 = 0.9262$
地膜使用量（万t）
年份

图2-12　我国典型地区地膜使用量时序变化特点（1993～2018年）

全国
$y = 53.143x - 105\ 250$
$R^2 = 0.9692$
地膜覆盖面积（万hm²）
年份

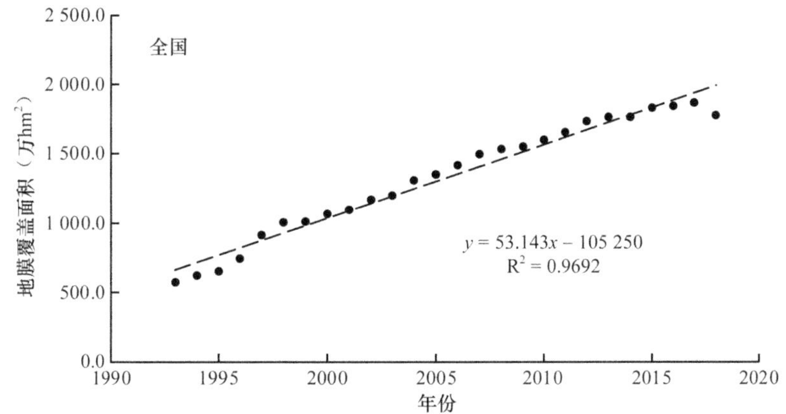

图2-13　我国地膜覆盖面积时序变化特点（1993～2018年）

利用线性倾向估计法对典型地区地膜覆盖面积变化趋势分析（图2-14）。1993～2018年山东地膜覆盖面积平均为184.3万hm^2，最低值为72.6万hm^2（1993年），最高值为260.8万hm^2（2007年），山东地膜覆盖面积呈现先增加后减少的变化趋势，1993～2007年线性倾向率为11.9万hm^2/a（$P<0.01$），2008～2018年线性倾向率为−7.5万hm^2/a（$P<0.01$）。四川地膜覆盖面积平均为76.9万hm^2，最低值为44.5万hm^2（1994年），最高值为100.8万hm^2（2016年），四川地膜覆盖面积呈现显著递增的变化趋势，线性倾向率为2.30万hm^2/a（$P<0.01$）。云南地膜覆盖面积平均为70.6万hm^2，最低值为31.8万hm^2（1994年），最高值为109.6万hm^2（2018年），云南省地膜覆盖面积呈现显著递增的变化趋势，线性倾向率为3.21万hm^2/a（$P<0.01$）。新疆地膜覆盖面积平均为197.7万hm^2，最低值为61.7万hm^2（1993年），最高值为379.6万hm^2（2017年），新疆地膜覆盖面积呈现显著递增的变化趋势，线性倾向率为11.83万hm^2/a（$P<0.01$）。内蒙古地膜覆盖面积平均为70.1万hm^2，最低值为0.1万hm^2（1993年），最高值为135.8万hm^2（2018年），内蒙古地膜覆盖面积呈现显著递增的变化趋势，线性倾向率为4.72万hm^2/a（$P<0.01$）。甘肃地

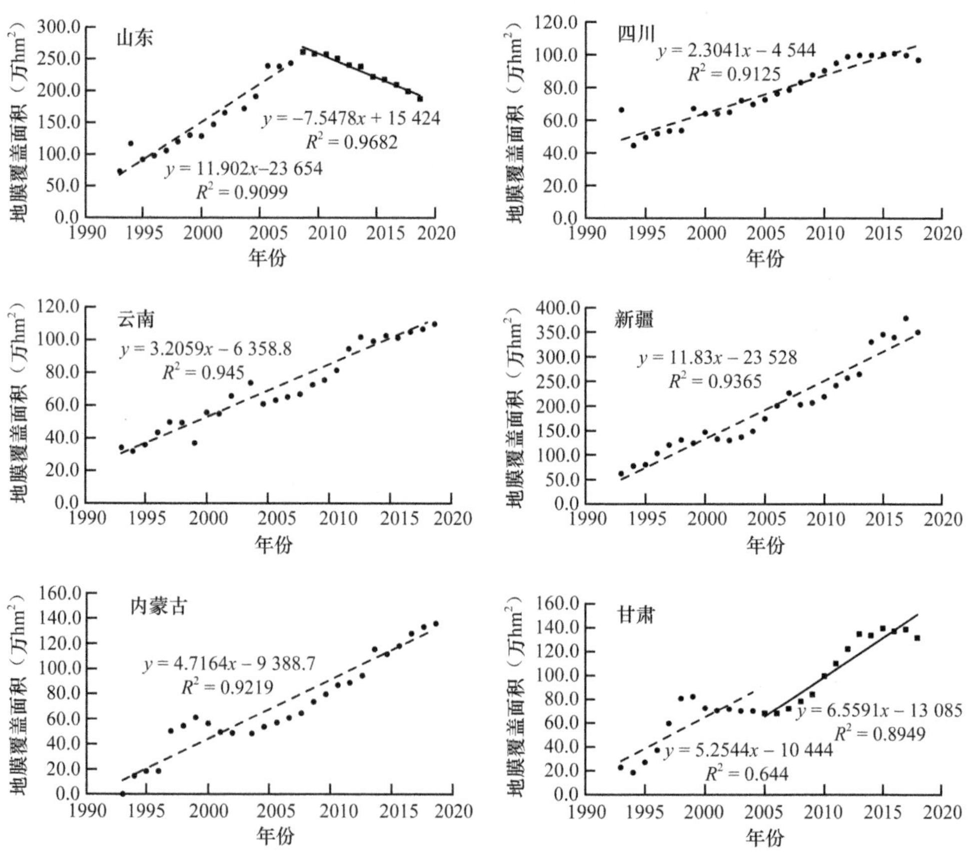

图2-14　我国典型地区地膜覆盖面积时序变化特点（1993～2018年）

膜覆盖面积平均为80.7万hm^2，最低值为18.6万hm^2（1994年），最高值为139.5万hm^2（2015年），甘肃地膜覆盖面积呈现显著递增的变化趋势，1993～2004年线性倾向率为5.25万hm^2/a（P＜0.01），2005～2018年线性倾向率为6.56万hm^2/a（P＜0.01）。

第三节　我国地膜覆盖应用的区域特征

一、各省级行政区地膜使用量

1993年中国地膜使用量为37.5万t，各省级行政区（不包含港、澳、台，下同）地膜使用量差异明显，地膜使用量超过3万t的有山东省和新疆维吾尔自治区，分别为4.4万t和3.9万t；地膜使用量为2万～3万t的有湖北省、四川省、云南省和甘肃省，分别为2.1万t、2.8万t、2.7万t和2.3万t；地膜使用量在1万～2万t的有10个省级行政区；而小于1万t的省级行政区有15个。

1993年山东省使用了全国11.8%的地膜，为全国地膜使用量第一大省级行政区，其后为新疆维吾尔自治区和四川省，比例分别为10.4%和7.5%；湖北省、云南省和甘肃省的地膜使用量占全国比例均超过了5%；比例为1%～5%的有16个省级行政区；不足1%的有9个省级行政区，所使用的地膜为全国总量的3.4%。山东省、新疆维吾尔自治区、四川省、云南省、甘肃省和湖北省6个省级行政区使用了全国近一半（48.5%）的地膜，进一步说明了1993年我国地膜使用量具有明显的区域差异（图2-15）。

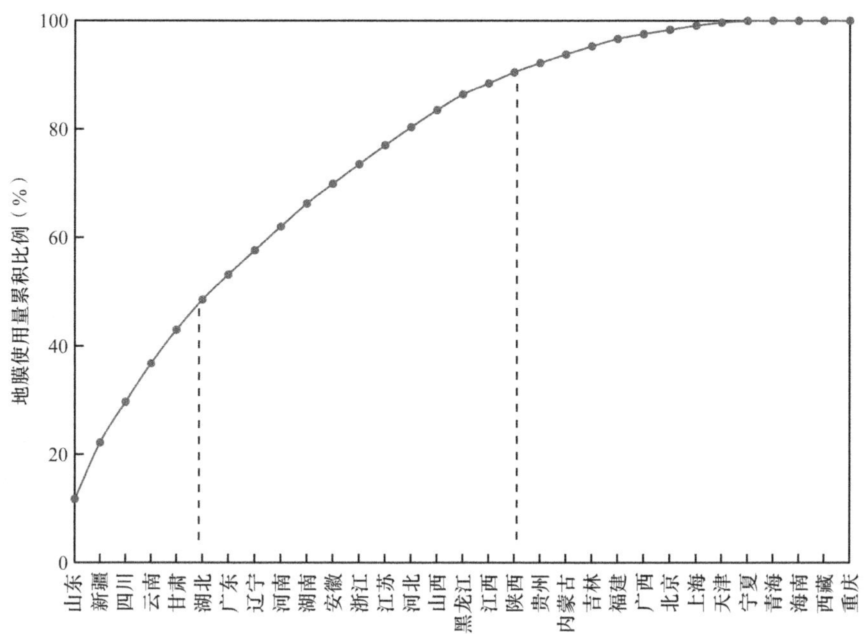

图2-15　1993年中国各省级行政区地膜使用量累积比例

1995年中国地膜使用量为47.0万t，比1993年增加25.5%，各省级行政区地膜使用量差异明显，地膜使用量超过3万t的有山东省、四川省和新疆维吾尔自治区，分别为6.6万t、3.5万t和5.2万t；地膜使用量为2万～3万t的有河北省、河南省、湖北省、湖南省、云南省和甘肃省，分别为2.2万t、2.2万t、2.6万t、2.2万t、2.9万t和2.0万t；地膜使用量在1万～2万t的有7个省级行政区；而小于1万t的省级行政区有15个。

山东省使用了全国14.0%的地膜，为全国地膜使用量第一大省级行政区，其后为新疆维吾尔自治区和四川省，比例分别为11.0%和7.5%；湖北省和云南省的地膜使用量占全国比例均超过了5%；比例为1%～5%的有18个省级行政区；不足1%的有7个省级行政区，所使用的地膜为全国总量的1.5%。山东省、新疆维吾尔自治区、四川省、云南省、湖北省和湖南省6个省级行政区使用了全国近一半（48.9%）的地膜，进一步说明了1995年我国地膜使用量具有明显的区域差异（图2-16）。

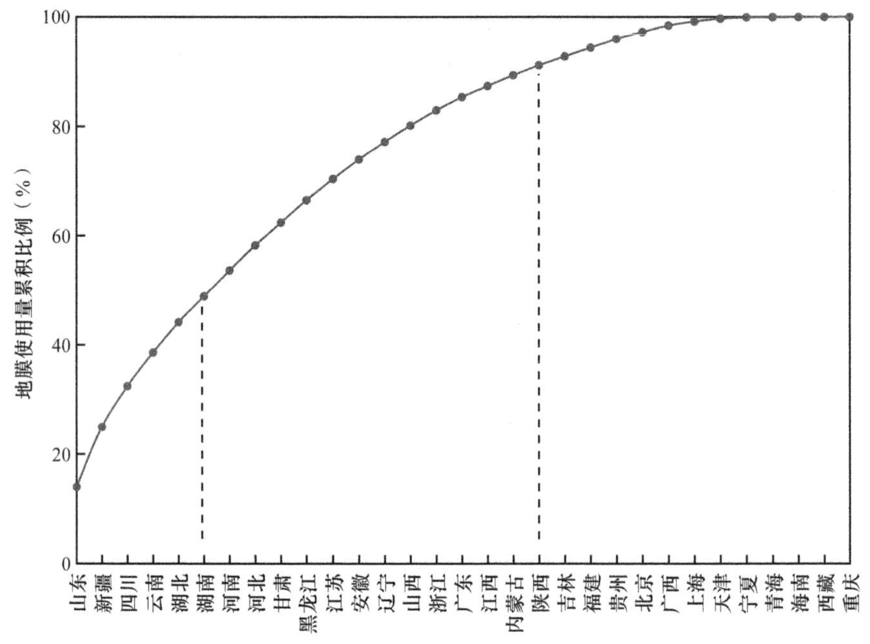

图2-16　1995年中国各省级行政区地膜使用量累积比例

通过对比1995年和1993年各省级行政区地膜使用量，可以看出1995年度有26个省级行政区的地膜使用量在1993年度的基础上有所增加，5个省级行政区的地膜使用量有所减少。地膜使用量增加的26个省级行政区中，就增量而言，山东省最大，为2.2万t，其次是新疆维吾尔自治区，为1.3万t，另外增量超过0.1万t的有17个省级行政区，小于0.1万t的有7个省级行政区。

就增幅而言，北京市、河北省、内蒙古自治区、黑龙江省、广西壮族自治区5个省级行政区均超过了50%，分别为94.3%、73.9%、56.0%、77.4%和69.2%；增幅为

30%～50%的有吉林省、江苏省、福建省、山东省、湖南省和新疆维吾尔自治区，分别为36.8%、39.5%、48.0%、49.4%、40.1%和32.4%；增幅低于30%的有12个省级行政区。地膜使用量减少的5个省级行政区中，就减量而言，广东省最大，为0.6万t，其次是甘肃省，为0.4万t。就减幅而言，甘肃省最大，为16.3%，其次分别为甘肃省和宁夏回族自治区，分别为16.3%和12.2%。

2000年中国地膜使用量为72.2万t，比1995年增加53.7%，各省级行政区地膜使用量差异明显，地膜使用量超过5万t的有山东省和新疆维吾尔自治区，分别为9.3万t和8.2万t；地膜使用量为3万～5万t的有河北省、安徽省、河南省、四川省、云南省和甘肃省，分别为3.1万t、3.1万t、3.9万t、4.9万t、3.9万t和4.6万t；地膜使用量在1万～3万t的有16个省级行政区；而小于1万t的省级行政区有7个，其中海南省、西藏自治区和青海省地膜使用量均小于0.1万t。

山东省使用了全国12.9%的地膜，为全国地膜使用量第一大省级行政区，其后为新疆维吾尔自治区、河南省、四川省、云南省和甘肃省，比例分别为11.4%、5.4%、6.7%、5.3%和6.4%；比例为1%～5%的有19个省级行政区；不足1%的有6个省级行政区，所使用的地膜为全国总量的1.6%。山东省、新疆维吾尔自治区、四川省、甘肃省、河南省和云南省6个省级行政区使用了全国近一半（48.0%）的地膜，进一步说明了2000年我国地膜使用量具有明显的区域差异（图2-17）。

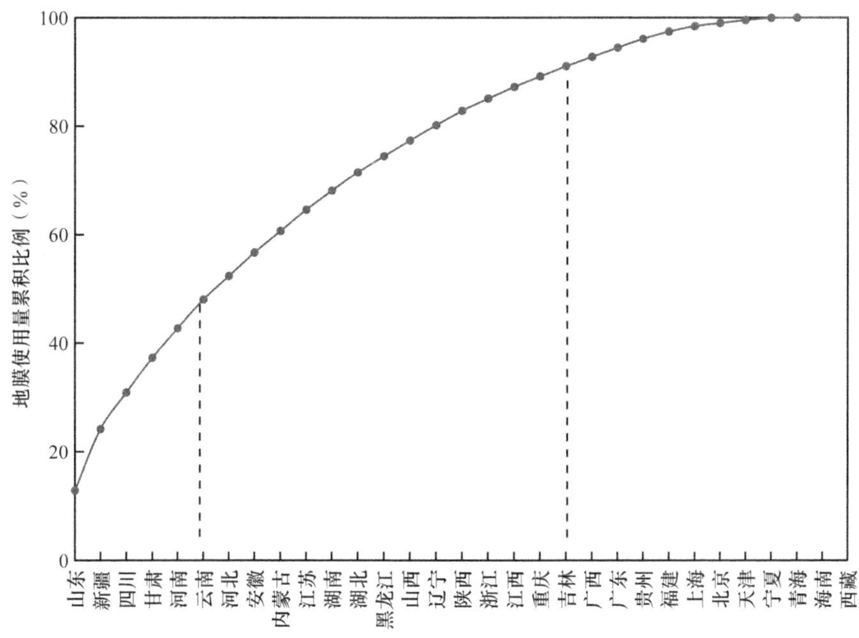

图2-17　2000年中国各省级行政区地膜使用量累积比例

通过对比2000年和1995年各省级行政区地膜使用量，可以看出2000年有29个省级行政区的地膜使用量在1995年度的基础上有所增加，2个省级行政区的地膜使用量有所减少。地膜使用量增加的29个省级行政区中，就增量而言，新疆维吾尔自治区最大，为3.05万t，其后是山东省和甘肃省，分别为2.7万t和2.6万t，增量在1万t以上的有内蒙古自治区、江苏省、安徽省、河南省、重庆市、四川省和陕西省7个省级行政区，分别为1.9万t、1.0万t、1.4万t、1.7万t、1.4万t、1.3万t和1.1万t；增量在0.5万～1万t的有河北省、陕西省、辽宁省、吉林省、江西省、广西壮族自治区和云南省7个省级行政区，分别为0.9万t、0.7万t、0.5万t、0.6万t、0.6万t、0.7万t和0.9万t；增量在0.1万～0.5万t的有8个省级行政区；小于0.1万t有4个省级行政区。

就增幅而言，内蒙古自治区、上海市、广西壮族自治区、海南省、陕西省、甘肃省、青海省、宁夏回族自治区8个省级行政区均超过了100%，分别为208.9%、102.5%、120.4%、119.9%、124.1%、135.3%、135.3%和174.5%；增幅为50%～100%的有天津市、吉林省、江苏省、安徽省、江西省、河南省、贵州省和新疆维吾尔自治区，分别为62.4%、76.3%、55.9%、84.0%、64.2%、75.7%、61.7%和59.1%；增幅在30%～50%的有7个省级行政区；增幅低于30%的有5个省级行政区。地膜使用量减少的北京市和湖北省2个省级行政区，减少量在0.2万t左右，减幅分别为26.8%和6.3%。

2005年中国地膜使用量为95.9万t，比2000年增加32.8%，各省级行政区地膜使用量差异明显，地膜使用量超10万t的有山东省和新疆维吾尔自治区，分别为14.4万t和10.2万t；地膜使用量为5万～10万t的有河北省、河南省、四川省和云南省，分别为6.4万t、5.2万t、6.1万t和5.2万t；地膜使用量在3万～5万t的有内蒙古自治区、江苏省、安徽省、湖北省、湖南省和甘肃省，分别为3.2万t、3.3万t、3.4万t、3.0万t、4.0万t和4.7万t；而小于1万t的省级行政区有7个，其中西藏自治区和青海省地膜使用量均小于0.1万t。

山东省使用了全国15.1%的地膜，为全国地膜使用量第一大省级行政区，其后为新疆维吾尔自治区、河北省、四川省、河南省和云南省，比例分别为10.7%、6.6%、6.3%、5.5%和5.4%；比例为1%～5%的有18个省级行政区；不足1%的有7个省级行政区，所使用的地膜为全国总量的2.9%。山东省、新疆维吾尔自治区、河北省、河南省、云南省和四川省6个省级行政区使用了全国近一半（49.5%）的地膜，说明了2005年我国地膜使用量具有明显的区域差异（图2-18）。

通过对比2005年和2000年各省级行政区地膜使用量，可以看出2005年度有29个省级行政区的地膜使用量在2000年度的基础上有所增加，2个省级行政区的地膜使用量有所减少。地膜使用量增加的29个省级行政区中，就增量而言，山东省最大，为5.2t，其后为河北省和新疆维吾尔自治区，分别为3.2万t和2.0万t；增量在1万t以上的有江西省、河南省、湖南省、四川省和云南省，分别为1.0万t、1.3万t、1.5万t、1.2万t和1.3万t；增量在0.5万～1万t的有辽宁省、浙江省、福建省、湖北省、广东省和贵州省6个省级行政区，分别为0.51万t、0.55万t、0.67万t、0.59万t、0.65万t和0.51万t；增

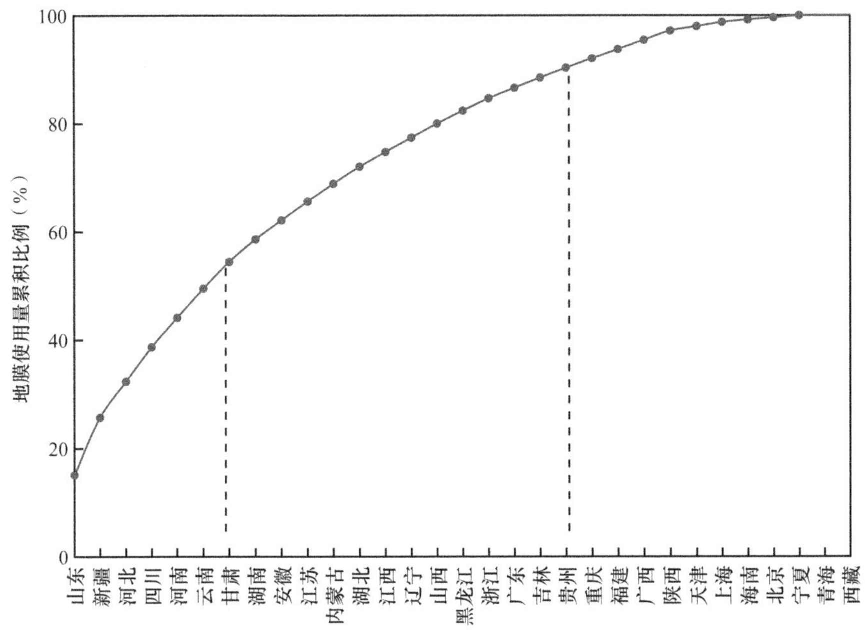

图2-18　2005年中国各省级行政区地膜使用量累积比例

量在0.1万～0.5万t的有11个省级行政区；小于0.1万t有4个省级行政区。

就增幅而言，天津市、河北省、海南省和西藏自治区4个省级行政区均超过了100%；增幅为50%～100%的有福建省、江西省、山东省、广东省和湖南省，分别为68.2%、67.3%、55.6%、53.7%和57.6%；增幅为30%～50%的有6个省级行政区；增幅低于30%的有14个省级行政区。地膜使用量减少的北京市和陕西省2个省级行政区中，减少量在0.2万t左右，减幅分别为11.2%和14.5%。

2010年中国地膜使用量为118.4万t，比2005年增加23.4%，各省级行政区地膜使用量差异明显，地膜使用量超10万t的有山东省和新疆维吾尔自治区，分别为13.9万t和14.3万t；地膜使用量为5万～10万t的有河北省、河南省、湖南省、四川省、云南省和甘肃省，分别为6.4万t、6.9万t、5.1万t、7.9万t、6.8万t和7.4万t，相较于2005年，湖南省和甘肃省地膜使用量为新突破5万t的省级行政区；地膜使用量在3万～5万t的有内蒙古自治区、辽宁省、江苏省、安徽省和湖北省，分别为4.8万t、3.6万t、3.9万t、3.7万t和3.6万t；而小于1万t的省级行政区有7个，其中西藏自治区地膜使用量最小，为0.1万t。

新疆维吾尔自治区使用了全国12.1%的地膜，取代了山东省成为全国地膜使用量第一大省级行政区，其后为山东省、四川省、河南省、云南省、河北省和甘肃省，比例分别为11.7%、6.7%、5.8%、5.7%、5.4%和6.3%；比例为1%～5%的有17个省级行政区；不足1%的有7个省级行政区，所使用的地膜为全国总量的3.1%。山东省、新疆维吾尔自治区、四川省、甘肃省、河南省和云南省6个省级行政区使用了全国近一半（48.3%）的地膜，说明了2010年我国地膜使用量具有明显的区域差异（图2-19）。

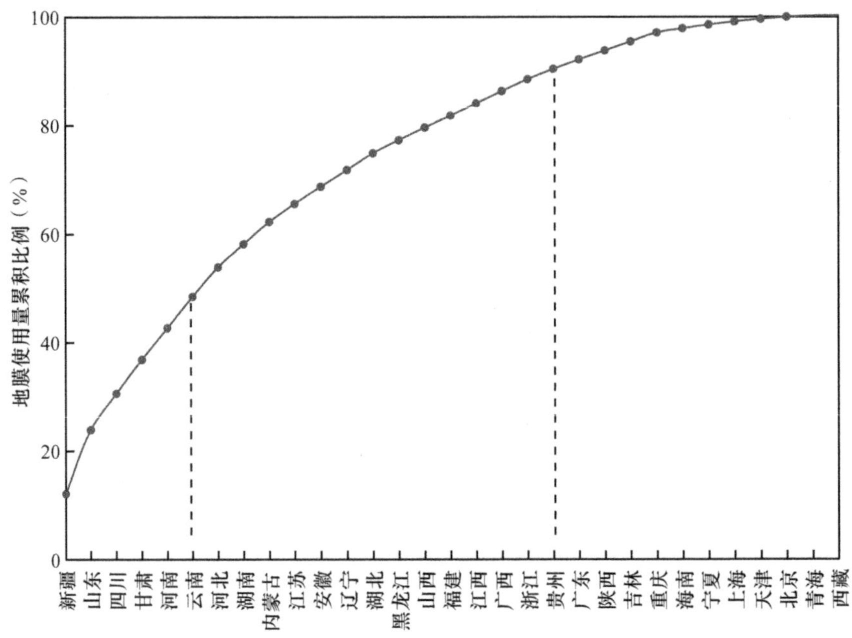

图2-19　2010年中国各省级行政区地膜使用量累积比例

通过对比2010年和2005年各省级行政区地膜使用量，可以看出2010年度有28个省级行政区的地膜使用量在2005年度的基础上有所增加，3个省级行政区的地膜使用量有所减少。地膜使用量增加的28个省级行政区中，就增量而言，新疆维吾尔自治区最大，为4.1万t，其后为甘肃省，为2.7万t；增量在1万～2万t的有内蒙古自治区、辽宁省、福建省、河南省、湖南省、广西壮族自治区、四川省和云南省，分别为1.6万t、1.1万t、1.0万t、1.6万t、1.1万t、1.0万t、1.9万t和1.6万t；增量在0.5万～1万t的有黑龙江省、江苏省、湖北省、海南省和贵州省，分别为0.55万t、0.59万t、0.60万t、0.50万t和0.51万t；增量在0.1万～0.5万t的有9个省级行政区；小于0.1万t有4个省级行政区。

就增幅而言，海南省、西藏自治区、青海省和宁夏回族自治区4个省级行政区均超过了100%；增幅为50%～100%的有内蒙古自治区、福建省、广西壮族自治区和甘肃省，分别为51.6%、60.6%、60.9%和57.2%；增幅在30%～50%的有4个省级行政区；增幅低于30%的有13个省级行政区。地膜使用量减少的天津市、上海市和山东省3个省级行政区中，山东省减少量最大，在0.6万t，减幅都在10%左右。

2015年中国地膜使用量为145.5万t，比2005年增加22.9%，各省级行政区地膜使用量差异明显，地膜使用量超10万t的有山东省、甘肃省和新疆维吾尔自治区，分别为12.3万t、11.4万t和23.1万t，甘肃省地膜使用量为唯一新突破10万t的省级行政区；地膜使用量为5万～10万t的有河北省、内蒙古自治区、河南省、湖南省、四川省和云南省，分别为6.6万t、7.0万t、7.4万t、5.6万t、9.2万t和9.1万t，相较于2005年，内蒙古自治区为新突破5万t的省级行政区；地膜使用量在3万～5万t的有山西省、辽宁省、黑龙江、江苏省、安徽省、福建省、江西省、湖北省、广西壮族自治区和贵州省，分别为3.2万t、4.1万t、3.3万t、4.6万t、4.4万t、3.1万t、3.2万t、4.0万t、3.5万t和3.0万t；而小于1万t的省级行政区有5个，其中西藏自治区地膜使用量最小，为0.1万t。

新疆维吾尔自治区使用了全国15.9%的地膜，为全国地膜使用量第一大省级行政区，其后为山东省、四川省、河南省、云南省和甘肃省，比例分别为8.5%、6.3%、5.1%、6.3%和7.9%；比例为1%～5%的有19个省级行政区；不足1%的有6个省级行政区，所使用的地膜为全国总量的2.1%。山东省、新疆维吾尔自治区、四川省、甘肃省、河南省和云南省6个省级行政区使用了全国近一半（49.9%）的地膜，说明了2015年我国地膜使用量具有明显的区域差异（图2-20）。

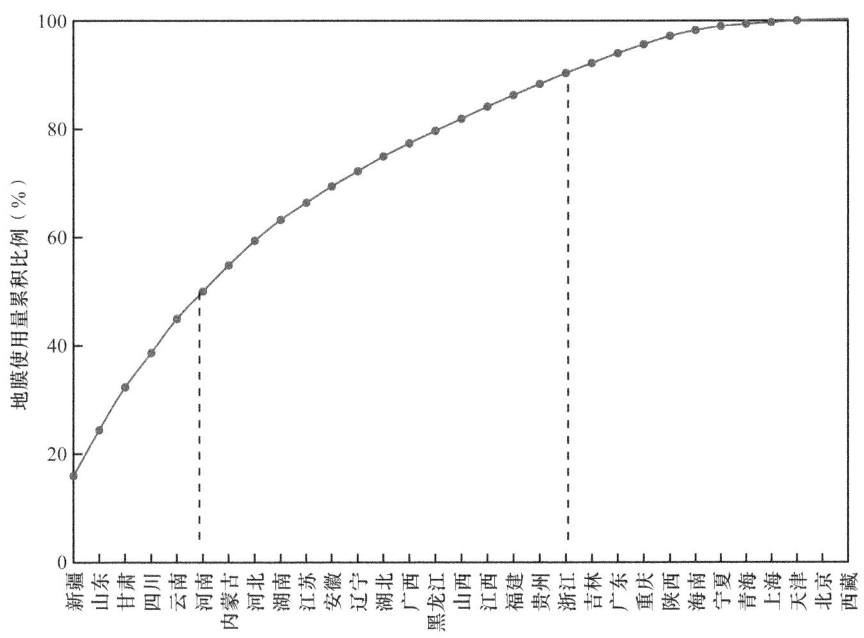

图2-20　2015年中国各省级行政区地膜使用量累积比例

通过对比2015年和2010年各省级行政区地膜使用量，可以看出2015年度有27个省级行政区的地膜使用量在2010年度的基础上有所增加，4个省级行政区的地膜使用量有所减少。地膜使用量增加的27个省级行政区中，就增量而言，新疆维吾尔自治区最大，为8.8万t，其后为内蒙古自治区、四川省、云南省和甘肃省，分别为

2.2万t、1.3万t、2.3万t和4.0万t；增量在0.5万～1万t的有山西省、吉林省、江苏省、安徽省、江西省、河南省、广东省、广西壮族自治区和海南省，分别为0.51万t、0.74万t、0.65万t、0.62万t、0.58万t、0.57万t、0.55万t、0.87万t和0.62万t；增量在0.1万～0.5万t的有11个省级行政区；小于0.1万t为西藏自治区。

就增幅而言，青海省超过了100%；增幅为50%～100%的有海南省、甘肃省、西藏自治区和新疆维吾尔自治区，分别为66.2%、54.5%、52.2%和61.3%；增幅为30%～50%的有6个省级行政区，增幅低于30%的有16个省级行政区。地膜使用量减少的北京市、天津市、上海市和山东省4个省级行政区中，山东省减量最大，在1.6万t，减幅为11.2%左右。

二、各省级行政区地膜覆盖面积

1993年中国地膜覆盖面积为572.2万hm^2，中国各省级行政区地膜覆盖面积差异明显，地膜覆盖面积超过50.0万hm^2的有山东省、湖北省、四川省和新疆维吾尔自治区，分别为72.6万hm^2、51.3万hm^2、66.2万hm^2和61.7万hm^2；地膜覆盖面积为30.0万～50. 0万hm^2的有云南省，为34.0万hm^2；面积为20.0万～30.0万hm^2的有河北省、山西省、江苏省、安徽省、河南省、湖南省、陕西省和甘肃省8个省级行政区，分别为20.4万hm^2、24.4万hm^2、23.1万hm^2、22.8万hm^2、26.9万hm^2、21.2万hm^2、27.2万hm^2和22.7万hm^2；面积为10.0万～20.0万hm^2的有5个省级行政区；而小于10万hm^2的省级行政区有13个，其中内蒙古自治区、上海市、广东省、海南省、西藏自治区和青海省的地膜覆盖面积均小于1.0万hm^2。

1993年山东省覆膜面积占全国总覆膜面积的12.7%，为中国覆膜第一大省级行政区，其次为四川省、新疆维吾尔自治区和湖北省，比例分别为11.6%、10.8%和9.0%；比例为1%～5%的有14个省级行政区；不足1%的有12个省级行政区，覆膜面积为全国总覆膜面积的2.40%。云南省、湖北省、四川省、山东省和新疆维吾尔自治区5个省级行政区覆膜面积占了全国总面积的近一半（49.95%），同样说明了1993年我国地膜覆盖面积具有明显的区域差异（图2-21）。

1995年中国地膜覆盖面积为649.3万hm^2，比1993年增加了13.5%，中国各省级行政区地膜覆盖面积差异明显，地膜覆盖面积超过50万hm^2的有山东省和新疆维吾尔自治区，分别为91.4万hm^2和80.6万千hm^2；地膜覆盖面积为30.0万～50.0万hm^2的有河北省、江苏省、河南省、四川省和云南省，分别为36.9万hm^2、30.2万hm^2、33.0万hm^2、49.5万hm^2和35.7万hm^2；面积为20.0万～30.0万hm^2的有山西省、江苏省、安徽省、湖北省、湖南省和甘肃省6个省级行政区，分别为25.1万hm^2、28.7万hm^2、24.4万hm^2、28.8万hm^2、24.4万hm^2和27.1万hm^2；面积为10.0万～20.0万hm^2的有6个省级行政区；而小于10.0万hm^2的省级行政区有12个。

山东省覆膜面积占全国总覆膜面积的14.1%，为中国覆膜第一大省级行政区，

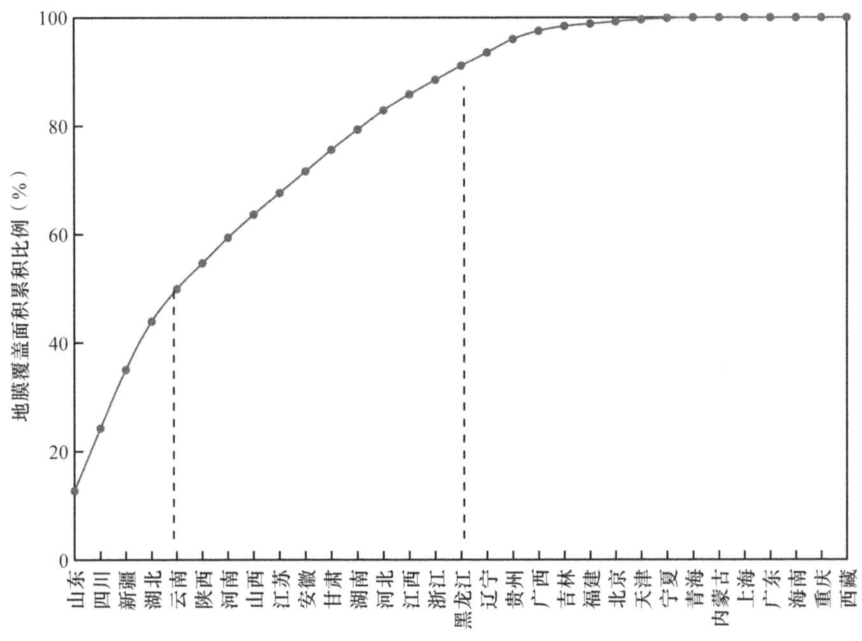

图2-21　1993年中国各省级行政区地膜覆盖面积累积比例

其次为四川省、新疆维吾尔自治区、河北省、云南省和河南省，比例分别为7.6%、12.4%、5.7%、5.5%和5.1%；比例为3%～5%的有8个省级行政区，分别为江苏省、湖北省、黑龙江省、甘肃省、山西省、湖南省、安徽省和陕西省；比例为1%～3%的有6个省级行政区；不足1%的有11个省级行政区，覆膜面积为全国总覆膜面积的4.2%。云南省、河北省、山东省、四川省、河南省和新疆维吾尔自治区6个省级行政区覆膜面积占了全国总面积的一半（50.4%），说明了1995年我国地膜覆盖面积具有明显的区域差异（图2-22）。

通过对比1995年和1993年各省级行政区地膜覆盖面积，可以看出2014年度有25个省级行政区的地膜覆盖面积在2013年度的基础上有所增加，6个省级行政区的地膜覆盖面积有所减少。地膜覆盖面积增加的25个省级行政区中，就增量而言，新疆维吾尔自治区最大，为18.9万hm^2，其次是河北省、内蒙古自治区、黑龙江省和山东省，分别为16.5万hm^2、18.3万hm^2、13.8万hm^2和18.8万hm^2；增量为5.0万～10.0万hm^2的有江苏省、河南省、广东省和广西壮族自治区，分别为7.1万hm^2、6.1万hm^2、6.0万hm^2和6.1万hm^2；增量为1.0万～5.0万hm^2的有5个省级行政区；小于1.0万hm^2有10个省级行政区。

就增幅而言，河北省、内蒙古自治区、黑龙江省、广西壮族自治区4个省级行政区均超过了50%；增幅为30%～50%的有天津市、江苏省、福建省、宁夏回族自治区和新疆维吾尔自治区，分别为31.1%、30.9%、33.5%、45.5%和30.7%；增幅为

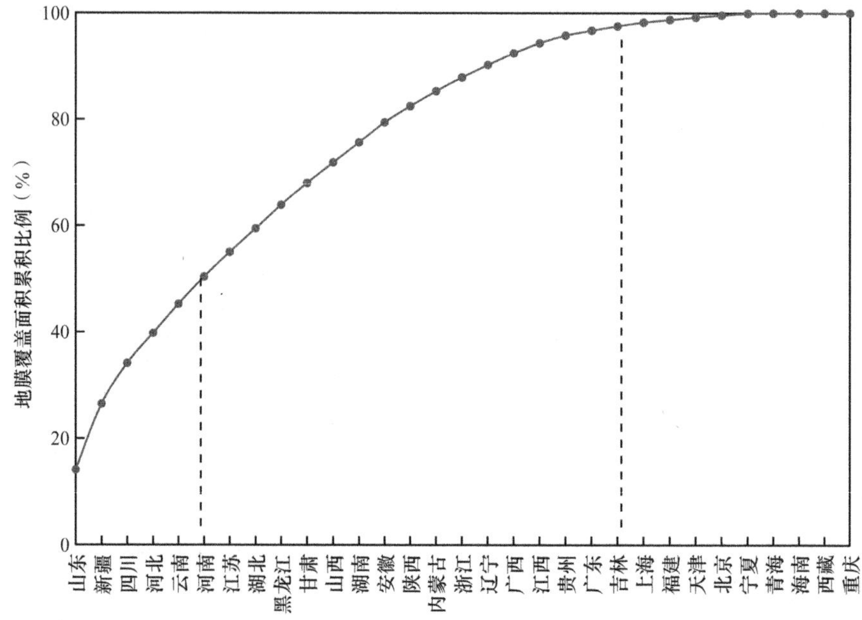

图2-22　1995年中国各省级行政区地膜覆盖面积累积比例

10%～30%的有5个省级行政区；增幅低于10%的有10个省级行政区。就减幅而言，江西省、湖北省、四川省、贵州省、陕西省和青海省都在30%左右。

2000年中国地膜覆盖面积为1062.5万hm^2，比1995年增加了63.6%，中国各省级行政区地膜覆盖面积差异明显，地膜覆盖面积超过100.0万hm^2的有山东省和新疆维吾尔自治区，分别为128.0万hm^2和147.0万hm^2；地膜覆盖面积为50.0万～100.0万hm^2的有河北省、内蒙古自治区、安徽省、河南省、四川省、云南省和甘肃省，分别为52.9万hm^2、56.1万hm^2、69.8万hm^2、65.1万hm^2、63.9万hm^2、55.7万hm^2和72.5万hm^2；面积为30.0万～50.0万hm^2的有山西省、江苏省、湖北省、湖南省和陕西省5个省级行政区，分别为39.2万hm^2、39.9万hm^2、35.0万hm^2、31.3万hm^2和43.1万hm^2；面积为10.0万～30.0万hm^2的有5个省级行政区；而小于10.0万hm^2的省级行政区有10个。

新疆维吾尔自治区覆膜面积占全国总覆膜面积的13.8%，为中国覆膜第一大省级行政区，其次为山东省、云南省、内蒙古自治区、四川省、河南省、安徽省和甘肃省，比例分别为12.1%、5.2%、5.3%、6.0%、6.1%、6.6%和6.8%；比例为3%～5%的有5个省级行政区，分别为河北省、陕西省、江苏省、山西省和湖北省；比例为1%～3%的有7个省级行政区；不足1%的有11个省级行政区，覆膜面积为全国总覆膜面积的4.9%。四川省、河南省、安徽省、甘肃省、山东省和新疆维吾尔自治区6个省级行政区覆膜面积占了全国总面积的一半（51.4%），说明了2000年我国地膜覆盖面积具有明显的区域差异（图2-23）。

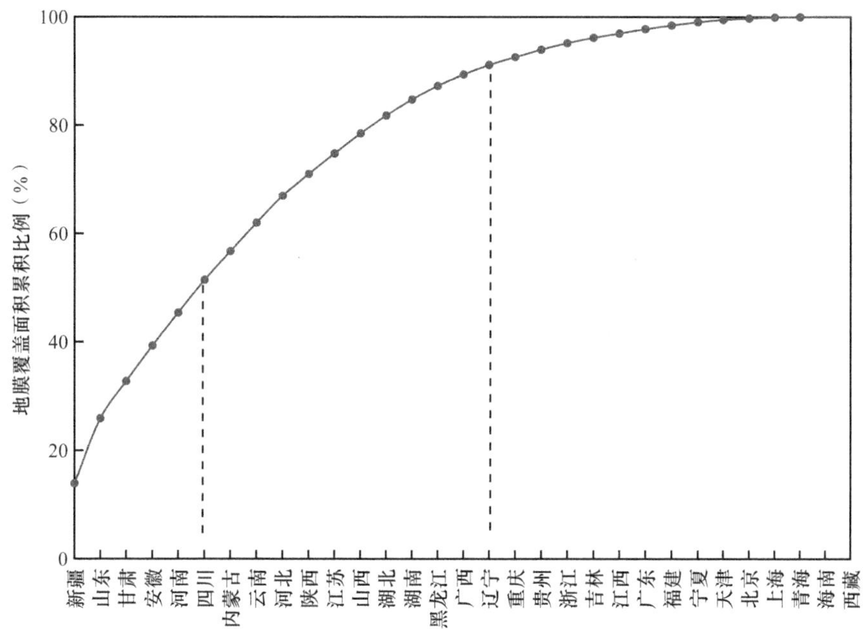

图2-23　2000年中国各省级行政区地膜覆盖面积累积比例

通过对比2000年和1995年各省级行政区地膜覆盖面积，可以看出2000年度有27个省级行政区的地膜覆盖面积在1995年度的基础上有所增加，4个省级行政区的地膜覆盖面积有所减少。地膜覆盖面积增加的27个省级行政区中，就增量而言，新疆维吾尔自治区最大，为66.4万hm^2，其次是内蒙古自治区、安徽省、山东省、河南省和甘肃省，分别为37.8万hm^2、45.4万hm^2、36.6万hm^2、32.1万hm^2和45.4万hm^2；增量为10.0万～30.0万hm^2的有河北省、山西省、重庆市、四川省、云南省和陕西省，分别为16.1万hm^2、14.2万hm^2、15.9万hm^2、14.3万hm^2、19.9万hm^2和23.2万hm^2；增量为5.0万～10.0万hm^2的有6个省级行政区；小于5.0万hm^2有9个省级行政区。

就增幅而言，内蒙古自治区、安徽省、福建省、海南省、陕西省、甘肃省和宁夏回族自治区7个省级行政区均超过了100%；增幅在50%～100%的有天津市、山西省、吉林省、河南省、广西壮族自治区、贵州省、云南省、青海省和新疆维吾尔自治区9个省级行政区，分别为53.7%、56.5%、98.9%、97.0%、52.9%、59.6%、56.0%、95.7%和82.4%；增幅低于50%的有11个省级行政区。地膜覆盖面积减少的有黑龙江省、上海市、浙江省和江西省4个省级行政区，面积分别为2.1万hm^2、2.6万hm^2、4.1万hm^2和3.9万hm^2，减幅分别为7.4%、55.5%、24.2%和31.6%。

2005年中国地膜覆盖面积为1351.8万hm^2，比2000年增加了27.2%，中国各省级行政区地膜覆盖面积差异明显，地膜覆盖面积超过100万hm^2的有山东省、河北省和新疆维吾尔自治区，分别为238.3万hm^2、112.5万hm^2和174.7万hm^2；地膜覆盖面积为50.0万～100.0万hm²的有内蒙古自治区、河南省、湖南省、四川省、云南省和甘肃省，分别为57.1万hm²、88.7万hm²、50.7万hm²、72.6万hm²、63.2万hm²和68.1万hm²；面积为30.0万～50.0万hm²的有山西省、黑龙江省、江苏省、安徽省、湖北省和陕西省6个省级行政区，分别为44.3万hm²、32.6万hm²、47.3万hm²、47.8万hm²、38.8万hm²和37.6万hm²；面积为10.0万～30.0万hm²的有9个省级行政区；而小于10.0万hm²的省级行政区有6个。

山东省覆膜面积占全国总覆膜面积的17.6%，为中国覆膜第一大省级行政区，其次为甘肃省、四川省、河南省、河北省和新疆维吾尔自治区，比例分别为5.0%、5.4%、6.6%、8.3%和12.9%；比例为3%～5%的有6个省级行政区，分别为云南省、内蒙古自治区、湖南省、安徽省、江苏省和山西省；比例为1%～3%的有8个省级行政区；不足1%的有11个省级行政区，覆膜面积为全国总覆膜面积的5.3%。河北省、河南省、四川省、山东省和新疆维吾尔自治区5个省级行政区覆膜面积占了全国总面积的一半（50.1%），说明了2005年我国地膜覆盖面积具有明显的区域差异（图2-24）。

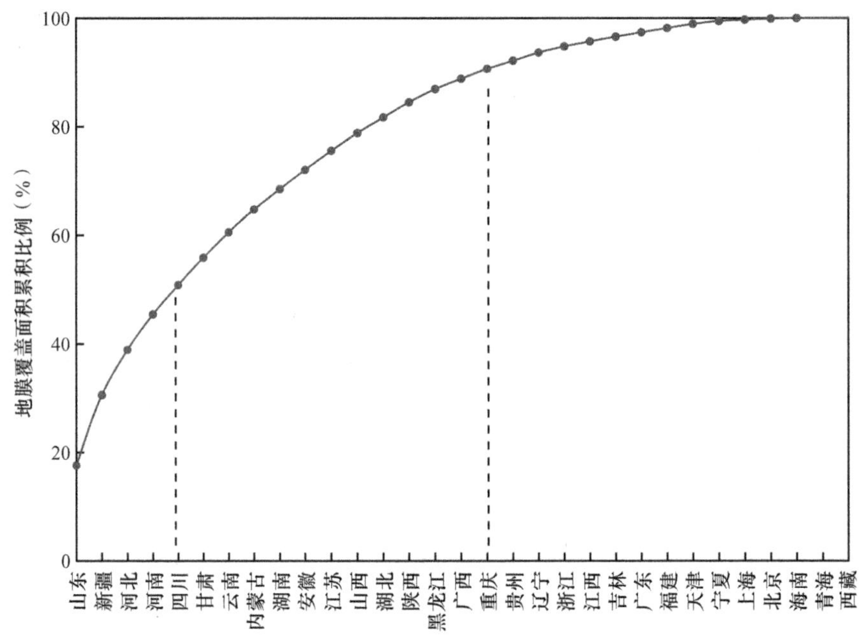

图2-24　2005年中国各省级行政区地膜覆盖面积累积比例

通过对比2005年和2000年各省级行政区地膜覆盖面积，可以看出2005年度有26个省级行政区的地膜覆盖面积在2000年度的基础上有所增加，5个省级行政区的地膜覆盖面积有所减少。地膜覆盖面积增加的26个省级行政区中，就增量而言，山东省最大，为110.2万hm²，其次是河北省、河南省、湖南省和新疆维吾尔自治区，分别为59.5万hm²、23.6万hm²、19.4万hm²和27.7万hm²；增量为5.0万～10.0万hm²的有天津市、山西省、黑龙江省、江苏省、重庆市、四川省、贵州省和云南省，分别为5.7万hm^2、5.1万hm^2、5.9万hm^2、7.3万hm^2、9.1万hm^2、8.8万hm^2、5.6万hm^2和7.6万hm^2；小于5.0万hm^2有13个省级行政区。

就增幅而言，天津市、河北省、海南省和西藏自治区4个省级行政区均超过了100%；增幅在50%～100%的有上海市、山东省、湖南省和重庆市4个省级行政区，分别为55.0%、86.1%、61.8%和57.5%；增幅在30%～50%的有4个省级行政区；增幅低于30%的有14个省级行政区。地膜覆盖面积减少的有北京市、安徽省、陕西省、甘肃省和青海省5个省级行政区，面积分别为0.2万hm^2、20.0万hm^2、5.4万hm^2、4.4万hm^2和0.1万hm^2，减幅分别为6.0%、31.5%、12.5%、6.1%和18.6%。

2010年中国地膜覆盖面积为1559.6万hm^2，比2000年增加了15.4%，中国各省级行政区地膜覆盖面积差异明显，地膜覆盖面积超过100.0万hm^2的有河北省、山东省、河南省和新疆维吾尔自治区，分别为106.6万hm^2、256.8万hm^2、103.2万hm^2和219.9万hm^2；地膜覆盖面积为50.0万～100.0万hm^2的有内蒙古自治区、江苏省、湖南省、四川省、云南省和甘肃省，分别为86.9万hm^2、55.3万hm^2、70.7万hm^2、90.3万hm^2、81.4万hm^2和99.5万hm^2；面积为30.0万～50.0万hm^2的有山西省、黑龙江省、安徽省、广西壮族自治区和陕西省5个省级行政区，分别为47.4万hm^2、31.6万hm^2、42.6万hm^2、34.6万hm^2和42.7万hm^2；面积为10.0万～30.0万hm^2的有8个省级行政区；而小于10.0万hm^2的省级行政区有7个。

山东省覆膜面积占全国总覆膜面积的16.5%，为中国覆膜第一大省级行政区，其次为云南省、内蒙古自治区、四川省、甘肃省、河南省、河北省和新疆维吾尔自治区，比例分别为5.2%、5.6%、5.8%、6.4%、6.6%、6.8%和14.1%；比例为3%～5%的有3个省级行政区，分别为湖南省、江苏省和山西省；比例为1%～3%的有9个省级行政区；不足1%的有11个省级行政区，覆膜面积为全国总覆膜面积的4.5%。河北省、河南省、甘肃省、山东省和新疆维吾尔自治区5个省级行政区覆膜面积占了全国总面积的一半（50.4%），说明了2010年我国地膜覆盖面积具有明显的区域差异（图2-25）。

通过对比2010年和2005年各省级行政区地膜覆盖面积，可以看出2010年度有25个省级行政区的地膜覆盖面积在2005年度的基础上有所增加，6个省级行政区地膜覆盖面积有所减少。地膜覆盖面积增加的25个省级行政区中，就增量而言，新疆维吾尔自治区最大，为45.3万hm^2，其次是内蒙古自治区和甘肃省，分别为29.8万hm^2和31.4万hm^2；增量为10.0万～20.0万hm^2的有山东省、河南省、湖南省、四川省、云南省和宁夏回族自治区，分别为18.6万hm^2、14.5万hm^2、19.9万hm^2、17.7万hm^2、18.2万hm^2和17.0万hm^2；增量为5.0万～10.0万hm^2的有4个省级行政区；小于5.0万hm^2有12个省级行政区。

就增幅而言，海南省、青海省和宁夏回族自治区3个省级行政区均超过了

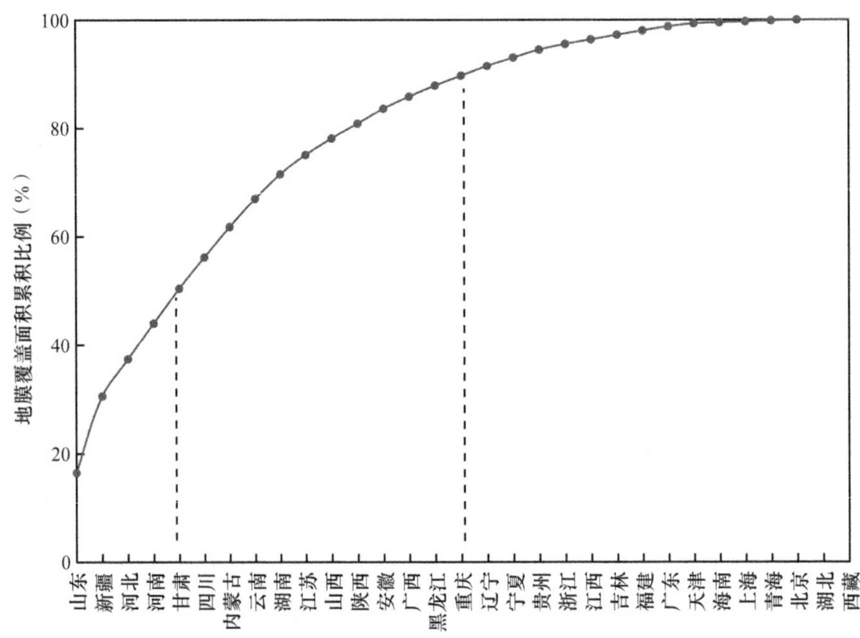

图2-25 2010年中国各省级行政区地膜覆盖面积累积比例

100%；增幅在30%～100%的有内蒙古自治区、辽宁省、湖南省、广西壮族自治区和甘肃省5个省级行政区，分别为52.2%、39.3%、39.4%，35.2%和46.2%；增幅低于30%的有17个省级行政区。地膜覆盖面积减少的有北京市、天津市、河北省、黑龙江省、上海市、安徽省6个省级行政区，减少面积分别为0.5万hm^2、1.6万hm^2、5.9万hm^2、0.9万hm^2、0.6万hm^2和5.2万hm^2，减幅分别为17.8%、15.9%、5.2%、3.0%、17.3%和10.9%。

2015年中国地膜覆盖面积为1831.8万hm^2，比2010年增加了14.5%，中国各省级行政区地膜覆盖面积差异明显，地膜覆盖面积超过100.0万hm^2的有河北省、内蒙古自治区、山东省、河南省、四川省、云南省、甘肃省和新疆维吾尔自治区，分别为106.9万hm^2、118.2万hm^2、217.2万hm^2、103.2万hm^2、100.2万hm^2、101.1万hm^2、139.5万hm^2和346.4万hm^2；地膜覆盖面积为50.0万～100.0万hm^2的有山西省、江苏省和湖南省，分别为58.8万hm^2、60.9万hm^2和71.7万hm^2；面积为30.0万～50.0万hm^2的有辽宁省、黑龙江省、安徽省、湖北省、广西壮族自治区、贵州省和陕西省7个省级行政区，分别为32.4万hm^2、32.3万hm^2、43.7万hm^2、40.8万hm^2、41.5万hm^2、30.8万hm^2和45.4万hm^2；面积为10.0万～30.0万hm^2的有7个省级行政区；而小于10.0万hm^2的省级行政区有6个。

新疆维吾尔自治区覆膜面积占全国总覆膜面积的18.9%，为中国覆膜第一大省级行政区，其次为四川省、云南省、河南省、河北省、内蒙古自治区、甘肃省和山东省，比例分别为5.5%、5.5%、5.6%、5.8%、6.5%、7.6%和11.9%；比例为3%～5%的有3个省级行政区，分别为江苏省、湖南省和山西省；比例为1%～3%的有9个省级行政区；不足1%的有11个省级行政区，覆膜面积为全国总覆膜面积的5.3%。河北省、内蒙古自治区、甘肃省、山东省和新疆维吾尔自治区5个省级行政区覆膜面积占了全国总面积的一半（50.7%），说明2015年我国地膜覆盖面积具有明显的区域差异（图2-26）。

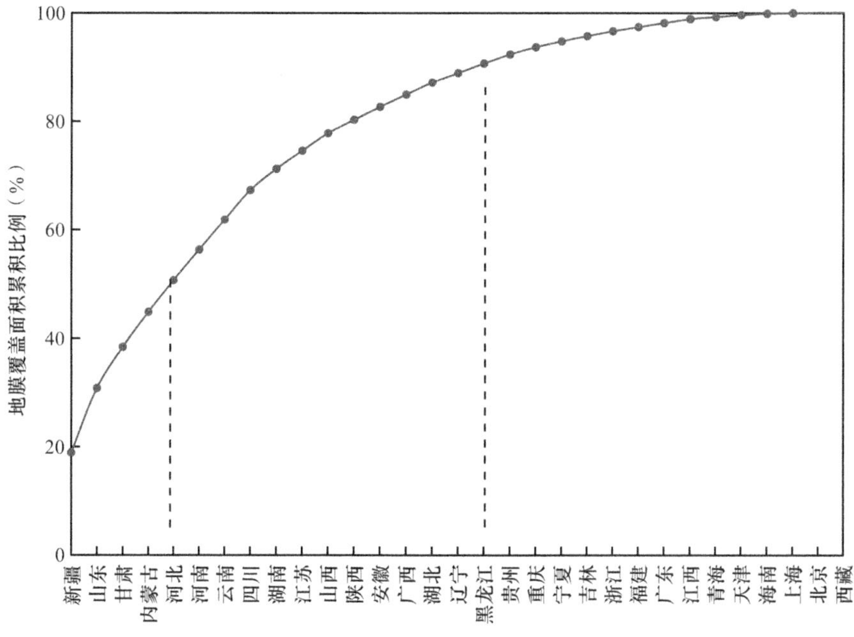

图2-26　2015年中国各省级行政区地膜覆盖面积累积比例

通过对比2015年和2010年各省级行政区地膜覆盖面积，可以看出2015年度有23个省级行政区的地膜覆盖面积在2010年度的基础上有所增加，8个省级行政区地膜覆盖面积有所减少。地膜覆盖面积增加的23个省级行政区中，就增量而言，新疆维吾尔自治区最大，为126.4万hm^2，其次是内蒙古自治区、山西省、云南省和甘肃省，分别为31.3万hm^2、11.4万hm^2、19.7万hm^2和39.9万hm^2；增量为3.0万～10.0万hm^2有辽宁省、吉林省、江苏省、广西壮族自治区、四川省、贵州省和青海省，分别为4.4万hm^2、4.4万hm^2、5.7万hm^2、6.9万hm^2、9.9万hm^2、7.8万hm^2和4.5万hm^2；小于3.0万hm^2有11个省级行政区。

就增幅而言，青海省超过了100%；增幅在30%～100%的有内蒙古自治区、吉林省、海南省、贵州省、甘肃省和新疆维吾尔自治区，分别为36.0%、33.5%、47.5%、33.9%、40.2%和57.5%；增幅低于30%的有16个省级行政区。地膜覆盖面积减少的有北京市、天津市、上海市、江西省、山东省、河南省、重庆市和宁夏回族自治区，减少最多是山东省，为39.7万hm^2，减幅最大的是北京市，为33.4%。

三、各省级行政区地膜使用强度

地膜使用强度是反映一个地区地膜使用多少的指标，是地膜年使用量（kg）除以耕地面积（hm^2）的值，单位是kg/（$hm^2 \cdot a$）（严昌荣等，2015）。

1993年中国地膜使用强度为3.1kg/（$hm^2 \cdot a$），空间差异显著，1993年高于全国地膜使用强度均值的有14个省级行政区，其中北京市最高，为12.8kg/（$hm^2 \cdot a$），其次为上海市、新疆维吾尔自治区、浙江省、广东省、山东省和甘肃省，分别为11.9kg/（$hm^2 \cdot a$）、9.4kg/（$hm^2 \cdot a$）、7.1kg/（$hm^2 \cdot a$）、6.1kg/（$hm^2 \cdot a$）、5.9kg/（$hm^2 \cdot a$）和5.0kg/（$hm^2 \cdot a$），四川省、天津市、湖北省、云南省、湖南省、辽宁省和福建省的地膜使用强度都在4.0kg/（$hm^2 \cdot a$）左右；低于全国地膜使用强度均值的有17个省级行政区，其中地膜使用强度在2.0kg/（$hm^2 \cdot a$）以上的有山西省、江西省、江苏省、安徽省、河南省，其余省级行政区地膜使用强度都在2.0kg/（$hm^2 \cdot a$）以下，其中青海省、海南省和西藏自治区地膜使用强度不足0.5kg/（$hm^2 \cdot a$）。

1995年中国地膜使用强度为3.9kg/（$hm^2 \cdot a$），比1993年提高25.5%，空间差异显著，1995年高于全国地膜使用强度均值的有13个省级行政区，其中北京市最高，为24.8kg/（$hm^2 \cdot a$），其次为上海市、新疆维吾尔自治区、山东省、浙江省、四川省和湖南省，分别为14.3kg/（$hm^2 \cdot a$）、12.5kg/（$hm^2 \cdot a$）、8.7kg/（$hm^2 \cdot a$）、6.7kg/（$hm^2 \cdot a$）、5.9kg/（$hm^2 \cdot a$）和5.9kg/（$hm^2 \cdot a$），福建省、湖北省、天津市、云南省、甘肃省和广东省的地膜使用强度都在5.0kg/（$hm^2 \cdot a$）左右；低于全国地膜使用强度均值的有18个省级行政区，其中地膜使用强度在3.0kg/（$hm^2 \cdot a$）以上的有江苏省、辽宁省、山西省、河北省和安徽省，其余省级行政区地膜使用强度都在3.0kg/（$hm^2 \cdot a$）以下，其中青海省、海南省和西藏自治区地膜使用强度不足0.5kg/（$hm^2 \cdot a$）。

通过对比1995年和1993年各省级行政区地膜使用强度，可以看出1995年度有26个省级行政区的地膜使用强度在1993年度的基础上有所增加，5个省级行政区的地膜使用强度有所减少。地膜使用强度增加的26个省级行政区中，就增量而言，北京市最大，为12.0kg/（$hm^2 \cdot a$），其次是新疆维吾尔自治区、山东省和上海市，分别为3.1kg/（$hm^2 \cdot a$）、2.9kg/（$hm^2 \cdot a$）和2.5kg/（$hm^2 \cdot a$）；增量为1～2kg/（$hm^2 \cdot a$）的有福建省、湖南省、河北省、四川省、湖北省和江苏省，分别为1.8kg/（$hm^2 \cdot a$）、1.7kg/（$hm^2 \cdot a$）、1.5kg/（$hm^2 \cdot a$）、1.2kg/（$hm^2 \cdot a$）、1.1kg/（$hm^2 \cdot a$）和1.1kg/（$hm^2 \cdot a$）；小于1.0kg/（$hm^2 \cdot a$）的有16个省级行政区。浙江省、辽宁省、宁夏回族自治区、甘肃省和广东省地膜使用强度分别降低了0.3kg/（$hm^2 \cdot a$）、0.4kg/（$hm^2 \cdot a$）、0.1kg/（$hm^2 \cdot a$）、0.8kg/（$hm^2 \cdot a$）和2.0kg/（$hm^2 \cdot a$）。

就增幅而言，北京市、黑龙江省、河北省、广西壮族自治区、内蒙古自治区5

个省级行政区超过了50%；增幅为30%～50%的有新疆维吾尔自治区、山东省、福建省、湖南省、江苏省、河南省和吉林省，分别为32.4%、49.4%、48.0%、40.1%、39.5%、35.0%和36.8%；增幅低于30%的有13个省级行政区。浙江省、辽宁省、宁夏回族自治区、甘肃省和广东省地膜使用强度分别降低了4.6%、9.1%、12.2%、16.3%和33.5%。

2000年中国地膜使用强度为5.9kg/（hm^2·a），比1995年提高53.7%，空间差异显著，2000年高于全国地膜使用强度均值的有13个省级行政区，其中上海市最高，为29.5kg/（hm^2·a），其次为新疆维吾尔自治区、北京市和山东省，分别为19.9kg/（hm^2·a）、18.1kg/（hm^2·a）和12.4kg/（hm^2·a）；地膜使用强度在5～10kg/（hm^2·a）的有甘肃省、天津市、浙江省、四川省、福建省、湖南省、云南省、重庆市、江苏省、江西省、安徽省、湖北省和山西省，分别为9.9kg/（hm^2·a）、8.7kg/（hm^2·a）、8.4kg/（hm^2·a）、8.2kg/（hm^2·a）、7.4kg/（hm^2·a）、6.7kg/（hm^2·a）、6.3kg/（hm^2·a）、6.2kg/（hm^2·a）、5.9kg/（hm^2·a）、5.5kg/（hm^2·a）、5.4kg/（hm^2·a）、5.2kg/（hm^2·a）和5.2kg/（hm^2·a）；低于全国地膜使用强度均值的有18个省级行政区，其中地膜使用强度在3.0kg/（hm^2·a）以上的有10个省级行政区，其余省级行政区地膜使用强度都在3.0kg/（hm^2·a）以下，其中青海省、海南省和西藏自治区地膜使用强度不足0.5kg/（hm^2·a）。

通过对比2000年和1995年各省级行政区地膜使用强度，可以看出2000年度有29个省级行政区的地膜使用强度在1995年度的基础上有所增加，2个省级行政区的地膜使用强度有所减少。地膜使用强度增加的29个省级行政区中，就增量而言，上海市最大，为14.7kg/（hm^2·a），其次是新疆维吾尔自治区、重庆市、甘肃省、山东省和天津市，分别为7.4kg/（hm^2·a）、6.2kg/（hm^2·a）、5.7kg/（hm^2·a）、3.6kg/（hm^2·a）和3.4kg/（hm^2·a）；增量为1～3kg/（hm^2·a）的有17个省级行政区；小于1.0的有6个省级行政区。湖北省和北京市地膜使用强度分别降低了0.4kg/（hm^2·a）和6.7kg/（hm^2·a）。

就增幅而言，内蒙古自治区、宁夏回族自治区、甘肃省、青海省、陕西省、广西壮族自治区、海南省和上海市8个省级行政区超过了100%；安徽省、吉林省、河南省、江西省、天津市、贵州省、新疆维吾尔自治区和江苏省地膜使用强度增幅在50%～100%，分别为84.0%、76.3%、75.7%、64.2%、62.4%、61.7%、59.1%和55.9%；增幅在30%～50%的有7个省级行政区；增幅低于30%的有5个省级行政区。湖北省和北京市地膜使用强度分别降低了6.3%和26.8%。

2005年中国地膜使用强度为7.9kg/（hm^2·a），比2000年提高32.8%，空间差异显著，2005年高于全国地膜使用强度均值的有13个省级行政区，其中上海市最高，为30.1kg/（hm^2·a），其次为新疆维吾尔自治区、山东省、天津市、北京市、福建省、浙江省、湖南省、四川省、甘肃省和河北省，分别为

24.8kg/（hm^2·a）、19.2kg/（hm^2·a）、17.6kg/（hm^2·a）、16.1kg/（hm^2·a）、12.4kg/（hm^2·a）、11.3kg/（hm^2·a）、10.5kg/（hm^2·a）、10.2kg/（hm^2·a）、10.1kg/（hm^2·a）和10.1kg/（hm^2·a）；地膜使用强度在5～10kg/（hm^2·a）的有江西省、云南省、重庆市、江苏省、河南省、广东省、湖北省、辽宁省、山西省、海南省和安徽省，分别为9.2kg/（hm^2·a）、8.5kg/（hm^2·a）、7.6kg/（hm^2·a）、7.0kg/（hm^2·a）、6.6kg/（hm^2·a）、6.6kg/（hm^2·a）、6.5kg/（hm^2·a）、6.2kg/（hm^2·a）、6.1kg/（hm^2·a）、6.0kg/（hm^2·a）和5.9kg/（hm^2·a）；低于全国地膜使用强度均值的有18个省级行政区，其中地膜使用强度在3.0kg/（hm^2·a）以上的有6个省级行政区，其余省级行政区地膜使用强度都在3.0kg/（hm^2·a）以下，其中黑龙江省、西藏自治区和青海省地膜使用强度在1.0kg/（hm^2·a）左右。

通过对比2005年和2000年各省级行政区地膜使用强度，可以看出2005年度有29个省级行政区的地膜使用强度在2000年度的基础上有所增加，2个省级行政区的地膜使用强度有所减少。地膜使用强度增加的29个省级行政区中，就增量而言，天津市最大，为8.9kg/（hm^2·a），其次是山东省、海南省、河北省、福建省、新疆维吾尔自治区、湖南省和江西省，分别为6.9kg/（hm^2·a）、5.6kg/（hm^2·a）、5.1kg/（hm^2·a）、5.0kg/（hm^2·a）、4.9kg/（hm^2·a）、3.9kg/（hm^2·a）和3.7kg/（hm^2·a）；增量为1～3kg/（hm^2·a）的有12个省级行政区；小于1.0的有9个省级行政区。陕西省和北京市地膜使用强度分别降低了0.7kg/（hm^2·a）和2.0kg/（hm^2·a）。

就增幅而言，海南省、西藏自治区、河北省和天津市4个省级行政区超过了100%；福建省、江西省、湖南省、山东省和广东省地膜使用强度增幅在50%～100%；分别为68.2%、67.3%、57.7%、55.6%和53.7%；增幅在30%～50%的有6个省级行政区；增幅低于30%的有14个省级行政区。湖北省和北京市地膜使用强度分别降低了11.2%和14.5%。

2010年中国地膜使用强度为9.7kg/（hm^2·a），比2005年提高23.4%，空间差异显著，2010年高于全国地膜使用强度均值的有13个省级行政区，其中新疆维吾尔自治区最高，为34.8kg/（hm^2·a），其次为上海市、福建省、北京市、山东省、甘肃省、湖南省、浙江省、四川省、天津市、海南省、云南省和河北省，分别为27.0kg/（hm^2·a）、20.0kg/（hm^2·a）、18.7kg/（hm^2·a）、18.5kg/（hm^2·a）、15.9kg/（hm^2·a）、13.5/（hm^2·a）、13.4kg/（hm^2·a）、13.3kg/（hm^2·a）、13.0kg/（hm^2·a）、12.8kg/（hm^2·a）、11.2kg/（hm^2·a）和10.1kg/（hm^2·a）；地膜使用强度在5～10kg/（hm^2·a）的有江西省、辽宁省、重庆市、河南省、江苏省、湖北省、广东省、宁夏回族自治区、山西省、内蒙古自治区、安徽省、广西壮族自治区、贵州省，分别为9.4kg/（hm^2·a）、8.9kg/（hm^2·a）、8.7kg/（hm^2·a）、8.7kg/（hm^2·a）、8.2kg/（hm^2·a）、7.8kg/（hm^2·a）、7.3kg/（hm^2·a）、7.2kg/（hm^2·a）、6.7kg/（hm^2·a）、6.7kg/（hm^2·a）、6.5kg/（hm^2·a）、

6.3kg/（hm^2·a）和5.0kg/（hm^2·a）；低于全国地膜使用强度均值的有18个省级行政区，其中地膜使用强度在3.0kg/（hm^2·a）以上的有2个省级行政区，其中黑龙江省和西藏自治区地膜使用强度在2.0kg/（hm^2·a）左右。

通过对比2010年和2005年各省级行政区地膜使用强度，可以看出2010年度有28个省级行政区的地膜使用强度在2005年度的基础上有所增加，3个省级行政区的地膜使用强度有所减少。地膜使用强度增加的28个省级行政区中，就增量而言，新疆维吾尔自治区最大，为10.0kg/（hm^2·a），其次是福建省、海南省、甘肃省、宁夏回族自治区、青海省和四川省，分别为7.5kg/（hm^2·a）、6.8kg/（hm^2·a）、5.8kg/（hm^2·a）、3.9kg/（hm^2·a）、3.8kg/（hm^2·a）和3.1kg/（hm^2·a）；增量为1～3kg/（hm^2·a）有13个省级行政区；小于1.0的有8个省级行政区。山东省、上海市和天津市地膜使用强度分别降低了0.7kg/（hm^2·a）、3.2kg/（hm^2·a）和4.6kg/（hm^2·a）。

就增幅而言，青海省、西藏自治区、宁夏回族自治区和海南省4个省级行政区超过了100%；广西壮族自治区、福建省、甘肃省和内蒙古自治区地膜使用强度增幅在50%～100%，分别为60.9%、60.6%、57.2%和51.6%；增幅在30%～50%的有5个省级行政区；增幅低于30%的有15个省级行政区。山东省、上海市和天津市地膜使用强度分别降低了3.8%、10.5%和26.2%。

2015年中国地膜使用强度为12.0kg/（hm^2·a），比2010年提高22.9%，空间差异显著，2015年高于全国地膜使用强度均值的有10个省级行政区，其中新疆维吾尔自治区最高，为56.1kg/（hm^2·a），其次为甘肃省、福建省、海南省、上海市、山东省、四川省、浙江省和云南省，分别为24.5kg/（hm^2·a）、23.1kg/（hm^2·a）、21.3kg/（hm^2·a）、19.4kg/（hm^2·a）、16.4kg/（hm^2·a）、15.4kg/（hm^2·a）、15.1kg/（hm^2·a）和15.0 kg/（hm^2·a）；地膜使用强度在10～15kg/（hm^2·a）的有湖南省、北京市、江西省、青海省、重庆市、河北省、天津市和宁夏回族自治区，分别为14.7kg/（hm^2·a）、11.5kg/（hm^2·a）、11.5kg/（hm^2·a）、11.1kg/（hm^2·a）、10.7kg/（hm^2·a）、10.4kg/（hm^2·a）、10.2kg/（hm^2·a）和10.2 kg/（hm^2·a）；低于全国地膜使用强度均值的有21个省级行政区，其中地膜使用强度在5～10kg/（hm^2·a）的有辽宁省、内蒙古、江苏省、河南省、广东省、湖北省、广西壮族自治区、山西省、安徽省、贵州省和陕西省，分别为9.9kg/（hm^2·a）、9.7kg/（hm^2·a）、9.6kg/（hm^2·a）、9.4kg/（hm^2·a）、9.2kg/（hm^2·a）、8.7kg/（hm^2·a）、8.3kg/（hm^2·a）、8.0kg/（hm^2·a）、7.6kg/（hm^2·a）、6.6kg/（hm^2·a）和5.5kg/（hm^2·a），5.0kg/（hm^2·a）以下的有3个省级行政区，其中黑龙江省最低为2.8kg/（hm^2·a）。

通过对比2015年和2010年各省级行政区地膜使用强度，可以看出2015年度有27个省级行政区的地膜使用强度在2010年度的基础上有所增加，4个省级行政区的地膜使用强度有所减少。地膜使用强度增加的27个省级行政区中，就增量而言，新疆维吾尔自治区最大，为21.3kg/（hm²·a），其次是甘肃省、海南省、青海省、云南省、福建省、内蒙古自治区和宁夏回族自治区，分别为8.7kg/（hm²·a）、8.5kg/（hm²·a）、6.6kg/（hm²·a）、3.8kg/（hm²·a）、3.1kg/（hm²·a）、3.0kg/（hm²·a）和3.0kg/（hm²·a）；增量为1～3kg/（hm²·a）的有14个省级行政区；小于1.0的有5个省级行政区。山东省、上海市、北京市和天津市地膜使用强度分别降低了2.1kg/（hm²·a）、7.6kg/（hm²·a）、7.3kg/（hm²·a）和2.8kg/（hm²·a）。

就增幅而言，青海省为147.7%；海南省、新疆维吾尔自治区、甘肃省和西藏自治区地膜使用强度增幅在50%～100%，分别为66.2%、61.4%、54.5%和52.2%；增幅在30%～50%的有6个省级行政区；增幅低于30%的有16个省级行政区。山东省、上海市、北京市和天津市地膜使用强度分别降低了11.2%、28.1%、38.7%和21.6%。

第四节　地膜投入量和覆盖面积及预测

一、地膜使用量和覆盖面积预测

根据1993～2015年全国农作物播种面积、地膜覆盖面积和地膜使用量的历史数据（中华人民共和国农业农村部，1993-2019），分别以我国农作物播种面积和地膜覆盖面积为自变量构建最优的ARIMA模型，预测未来20年我国地膜覆盖面积和地膜使用量（图2-27和图2-28）。根据模型预测结果，受马铃薯、花生和蔬菜地膜覆盖面积增长及地膜新标准执行的影响，未来20年，全国地膜覆盖面积将保持在1900万～2300万hm²，使用量在150万～190万t。

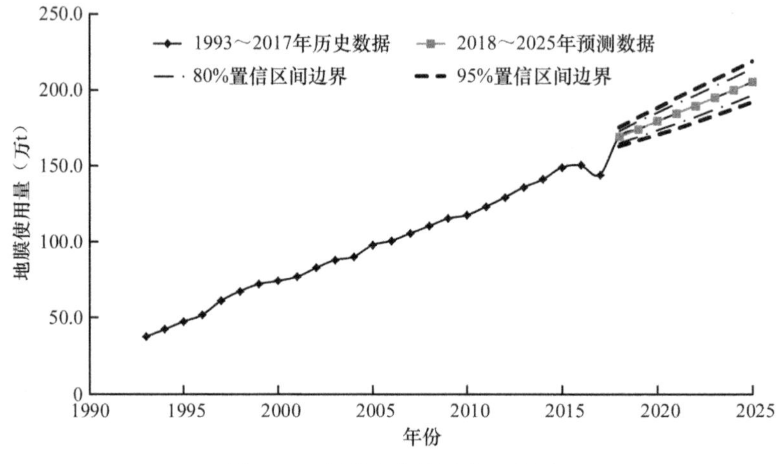

图2-27　中国地膜使用量及预测

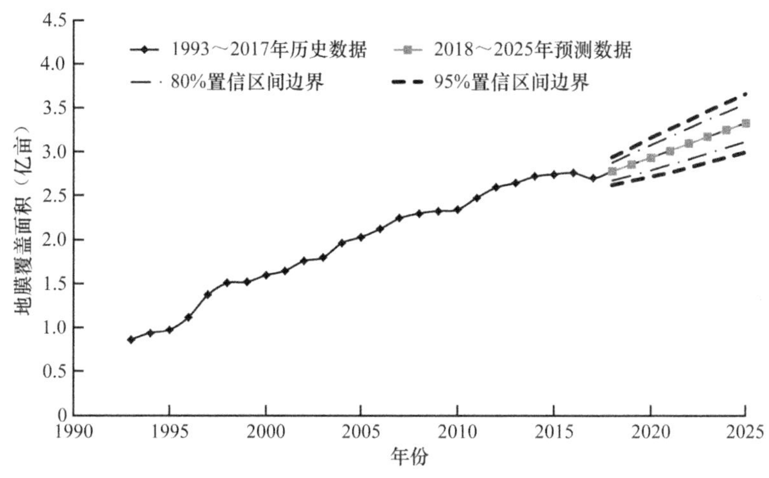

图2-28　中国地膜覆盖面积及预测

二、各省级行政区地膜使用量

2020年中国地膜使用量预测为166.7万t，比2015年增加14.6%，各省级行政区地膜使用量差异明显，地膜使用量超10万t的有山东省、四川省、云南省、甘肃省和新疆维吾尔自治区，分别为15.1万t、10.3万t、10.4万t、14.5万t和24.0万t，相较于2015年，四川省和云南省为新突破10万t的省级行政区；地膜使用量为5万～10万t的有河北省、内蒙古自治区、江苏省、河南省和湖南省，分别为7.4万t、8.5万t、5.1万t、8.6万t和6.4万t；地膜使用量为3万～5万t的有11个省级行政区；而小于1万t的省级行政区有5个，其中西藏自治区地膜使用量最小，为0.2万t。

新疆维吾尔自治区预计将使用全国14.4%的地膜，为全国地膜使用量第一大省级行政区，其后为内蒙古自治区、山东省、河南省、四川省、云南省和甘肃省，比例分别为5.1%、9.1%、5.2%、6.2%、6.2%和8.7%；比例为1%～5%的有19个省级行政区；不足1%的有6个省级行政区，所使用的地膜仅为全国总量的1.9%。山东省、新疆维吾尔自治区、甘肃省、云南省、河南省和四川省6个省级行政区使用了全国近一半（49.8%）的地膜，进一步说明了2020年我国地膜使用量具有明显的区域差异（图2-29）。

通过对比2020年和2015年各省级行政区地膜使用量，可以看出2020年度全国31个省级行政区的地膜使用量在2015年度的基础上有所增加。就增量而言，甘肃省最大，为3.1万t，其后为山东省、内蒙古自治区、云南省、河南省和四川省，分别为2.8万t、1.6万t、1.3万t、1.2万t和1.2万t；增量在0.5万～1.0万t的有新疆维吾尔自治区、黑龙江省、河北省、湖南省、广西壮族自治区、江苏省、吉林省、福建省、贵州省和广东省，分别为0.84万t、0.84万t、0.79万t、0.78万t、0.76万t、0.56万t、0.55万t、0.54万t、0.53和0.50万t；增量在0.1万～0.5万t的有12个省级行政区；小于

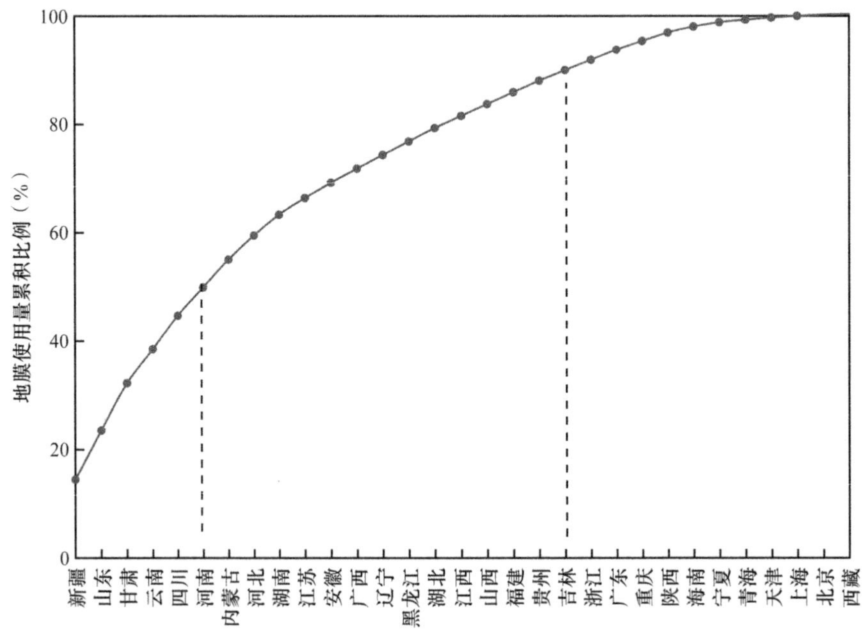

图2-29　2020年中国各省级行政区地膜使用量累积比例

0.1万t的为西藏自治区、湖北省和上海市。

就增幅而言，超过50%的有西藏自治区和北京市，分别为64.7%和53.0%；增幅在30%～50%的有2个省级行政区，分别是天津市（41.8%）和青海省（30.5%）；增幅在10%～30%的有21个省级行政区，增幅低于10%的有6个省级行政区。

2025年中国地膜使用量预测为188.7万t，比2020年增加13.2%，各省级行政区地膜使用量差异明显，地膜使用量超10万t的有甘肃省、山东省、内蒙古自治区、云南省、四川省和新疆维吾尔自治区，分别为16.8万t、10.0万t、15.7万t、11.8万t、11.7万t和27.8万t，相较于2020年，内蒙古自治区为新突破10万t的省区；地膜使用量为5万～10万t的有广西壮族自治区、湖南省、江苏省、河北省和安徽省，分别为5.0万t、7.3万t、5.8万t、8.5万t和5.4万t；地膜使用量在3万～5万t的有11个省级行政区；而小于1万t的省级行政区有4个，其中西藏自治区地膜使用量最小，为0.2万t。

新疆维吾尔自治区预计使用全国14.7%的地膜，继续为全国地膜使用量第一大省级行政区，其后为内蒙古自治区、山东省、河南省、四川省、云南省和甘肃省，比例分别为5.3%、8.3%、5.3%、6.2%、6.3%和8.9%；比例为1%～5%的有18个省级行政区；不足1%的有6个省级行政区，所使用的地膜仅为全国总量的2.3%。山东省、新疆维吾尔自治区、内蒙古自治区、甘肃省和河北省5个省级行政区使用了全国一半（51.1%）的地膜（图2-30）。

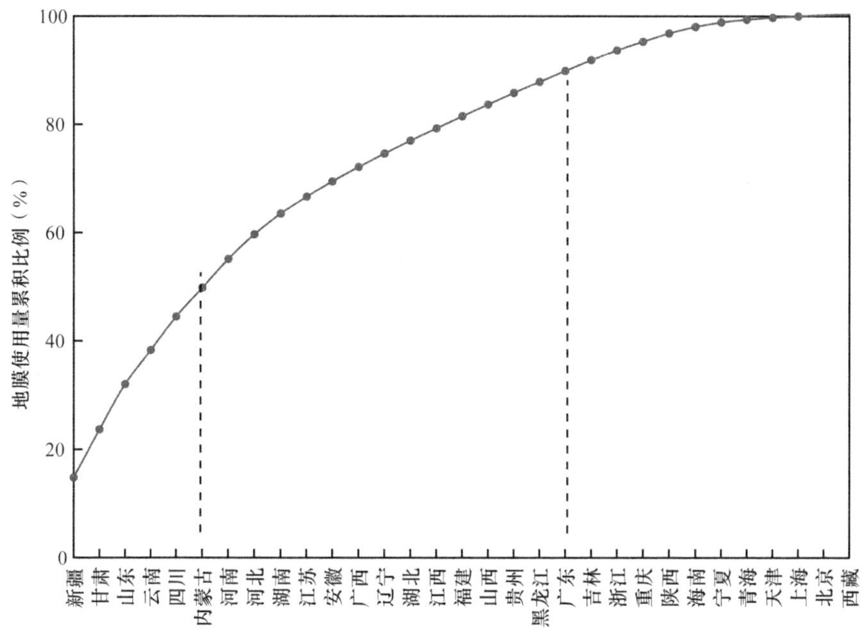

图2-30　2025年中国各省级行政区地膜使用量累积比例

通过对比2020年和2015年各省级行政区地膜使用量，可以看出2020年度全国31个省级行政区的地膜使用量在2015年度的基础上有所增加。就增量而言，新疆维吾尔自治区最大，为3.8万t，其后为甘肃省、内蒙古自治区、云南省、四川省、河南省和河北省，分别为2.3万t、1.5万t、1.4万t、1.4万t、1.3万t和1.2万t；增量在0.5万～1.0万t的有湖南省、广西壮族自治区、江苏省、广东省、安徽省、山东省、福建省、江西省、贵州省和吉林省，分别为0.9万t、0.7万t、0.7万t、0.7万t、0.6万t、0.6万t、0.6万t、0.5万t、0.5万t和0.5万t；增量在0.1万～0.5万t的有9个省级行政区；小于0.1万t有5个省级行政区。

就增幅而言，增幅超过20%的有西藏自治区、青海省和海南省，分别为28.2%、22.9%和22.9%；增幅在15%～20%的有内蒙古自治区、广西壮族自治区、宁夏回族自治区、河北省、福建省、新疆维吾尔自治区、甘肃省、吉林省、贵州省和河南省，分别为17.2%、17.1%、16.8%、16.1%、15.9%、15.8%、15.5%、15.3%、15.1%和15.0%；增幅在10%～15%的有11个省级行政区；增幅低于10%的有6个省级行政。

三、各省级行政区地膜覆盖面积

2020年中国地膜覆盖面积预测为2079.9万hm^2，比2015年增加了13.5%，中国各省级行政区地膜覆盖面积差异明显，地膜覆盖面积超过100.0万hm^2的有河北省、内蒙古自治区、山东省、河南省、四川省、云南省、甘肃省和新疆维吾尔自治区，分别为121.6万hm^2、150.1万hm^2、253.1万hm^2、102.9万hm^2、114.8万hm^2、116.9万hm^2、143.3万hm^{2}和389.0万hm^2；地膜覆盖面积为50.0万～100.0万hm^{2}的有山西省、江苏省、湖南省、广西壮族自治区和陕西省，分别为65.9万hm^2、67.0万hm^2、81.5万hm^2、65.1万hm^{2}和51.8万hm^2；面积为30.0万～50.0万hm^{2}的有辽宁省、黑龙江省、安徽省、湖北省、重庆市和贵州省6个省级行政区，分别为35.6万hm^2、34.6万hm^2、47.8万hm^2、37.9万hm^2、30.1万hm^{2}和34.2万hm^2；面积为10.0万～30.0万hm^{2}的有6个省级行政区；而小于10.0万hm^{2}的省级行政区有6个。

2020年新疆维吾尔自治区覆膜面积占全国总覆膜面积的18.7%，为全国覆膜第一大省级行政区，其次为山东省、内蒙古自治区、甘肃省、河北省、云南省和四川省，分别为12.2%、7.2%、6.9%、5.8%、5.6%和5.5%；比例为3%～5%的有4个省级行政区，分别为河南省、湖南省、江苏省和山西省；比例为1%～3%的有9个省级行政区；不足1%的有11个省级行政区，覆膜面积为全国总覆膜面积的4.5%。河北省、内蒙古自治区、甘肃省、山东省和新疆维吾尔自治区5个省级行政区的覆膜面积占了全国总面积的一半（50.8%）（图2-31）。

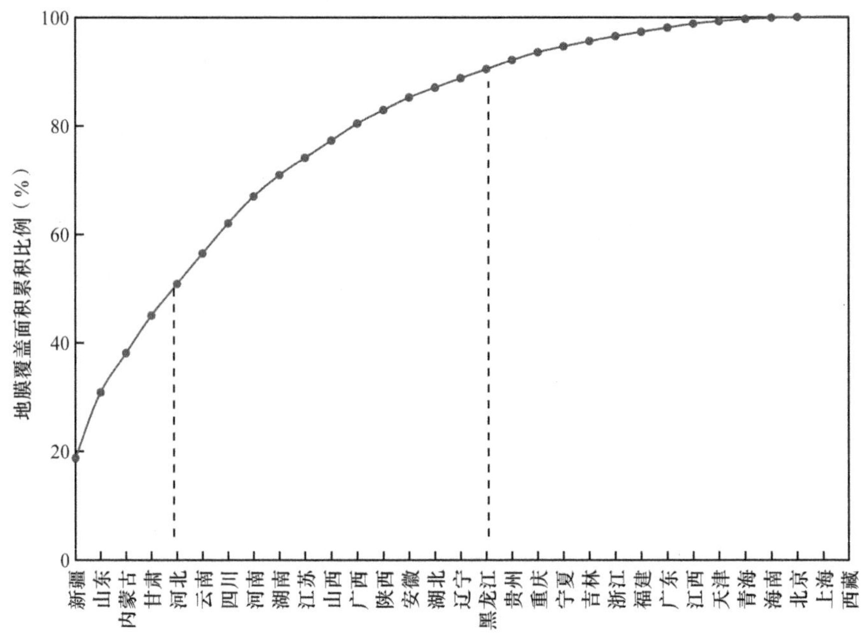

图2-31　2020年中国各省级行政区地膜覆盖面积累积比例

通过对比2020年和2015年各省级行政区地膜覆盖面积，可以看出2015年度有29个省级行政区的地膜覆盖面积在2015年度的基础上有所增加，2个省级行政区的地膜覆盖面积有所减少。地膜覆盖面积增加的29个省级行政区中，就增量而言，新疆维吾尔自治区最大，为42.6万hm^2，其次是山东省、内蒙古自治区、广西壮族自治区、云南省、河北省和四川省，分别为35.9万hm^2、31.9万hm^2、23.6万hm^2、15.8万hm^2、14.8万hm^2和14.6万hm^2；增量为3.0万～10.0万hm^2的有湖南省、陕西省、山西省、江苏省、重庆市、安徽省、甘肃省、贵州省和辽宁省9个省级行政区；小于3.0万hm^2有13个省级行政区。河南省和湖北省地膜覆盖面积分别减少0.3万hm^2和2.8万hm^2。

就增幅而言，广西壮族自治区、天津市、北京市和西藏自治区增幅超过了30%，分别为56.6%、44.2%、44.1%和42.3%；增幅在10%～30%的有20个省级行政区；增幅低于10%的有5个省级行政区。河南省和湖北省地膜覆盖面积较2015年分别减少0.3%和6.9%。

2025年中国地膜覆盖面积预测为2345.9万hm^2，比2020年增加了12.8%，中国各省级行政区地膜覆盖面积差异明显，地膜覆盖面积超过100万hm^2的有内蒙古自治区、山东省、云南省、四川省、河北省、甘肃省、河南省和新疆维吾尔自治区，分别为178.0万hm^2、264.0万hm^2、132.2万hm^2、130.3万hm^2、140.6万hm^2、165.5万hm^2、118.3万hm^2和449.6万hm^2；地膜覆盖面积为50.0万～100.0万hm^2的有湖南省、广西壮族自治区、山西省、江苏省、陕西省和安徽省，分别为92.7万hm^2、75.5万hm^2、74.2万hm^2、74.1万hm^2、56.1万hm^2和54.1万hm^2；面积为30.0万～50.0万hm^2的有湖北省、辽宁省、贵州省、重庆市和黑龙江省5个省级行政区，分别为41.5万hm^2、39.6万hm^2、37.9万hm^2、33.6万hm^2和31.9万hm^2；面积为10.0万～30.0万hm^2的有6个省级行政区；而小于10.0万hm^2的省级行政区有6个。

新疆维吾尔自治区覆膜面积占全国总覆膜面积的19.2%，继续为全国覆膜第一大省级行政区，其次为山东省、内蒙古自治区、甘肃省、河北省、云南省、四川省和河南省，分别为11.3%、7.6%、7.1%、6.0%、5.6%、5.6%和5.0%；比例为3%～5%的有4个省级行政区，分别为湖南省、广西壮族自治区、山西省和江苏省；比例为1%～3%的有9个省级行政区；不足1%的有10个省级行政区，覆膜面积为全国总覆膜面积的4.6%。新疆维吾尔自治区、甘肃省、山东省、云南省、四川省和内蒙古自治区6个省级行政区覆膜面积占了全国总面积的近一半（49.7%）（图2-32）。

通过对比2025年和2020年各省级行政区地膜覆盖面积，可以看出2020年度有30个省级行政区的地膜覆盖面积在2015年度的基础上有所增加，1个省级行政区的地膜覆盖面积有所减少。地膜覆盖面积增加的30个省级行政区中，就增量而言，新疆维吾尔自治区最大，为60.6万hm^2，其次是内蒙古自治区、甘肃省、河北省、四川省、河南省、云南省、湖南省、山东省和广西壮族自治区，分别为27.9万hm^2、22.3万hm^2、19.0万hm^2、15.5万hm^2、15.4万hm^2、15.3万hm^2、11.2万hm^2、10.9万hm^2和10.5万hm^2；增量为3.0万～10.0万hm^2有山西省、江苏省、安徽省、陕西省、辽宁省、宁夏回族自治区、贵州省、重庆市和湖北省；小于3.0万hm^2有11个省级行政区。黑龙江省地膜覆盖面积减少2.7万hm^2。

就增幅而言，广东省增幅超过了20%；增幅在10%～20%的有23个省级行政区；

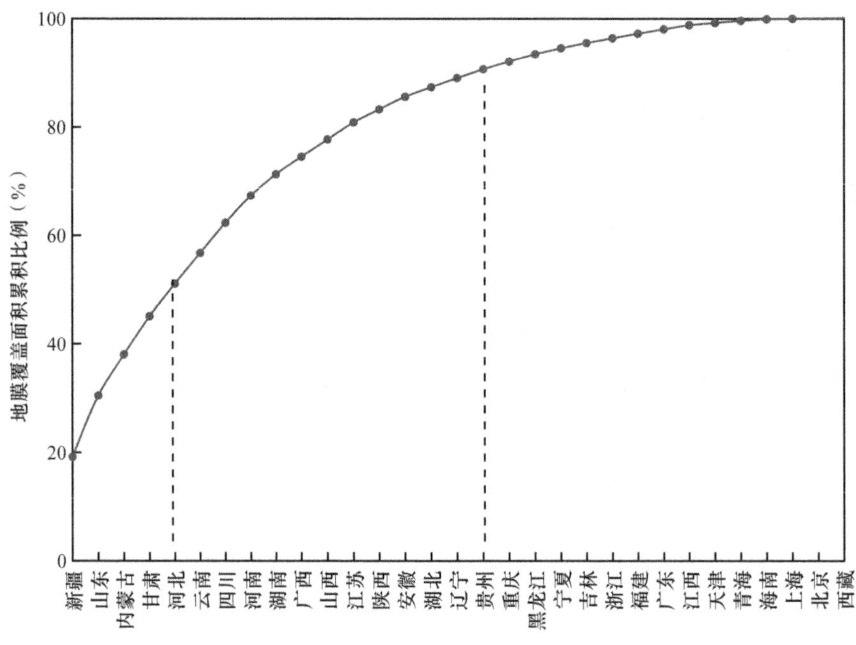

图2-32　2025年中国各省级行政区地膜覆盖面积累积比例

增幅低于10%的有6个省级行政区。黑龙江省地膜覆盖面积较2020年减少7.8%。

四、各省级行政区地膜使用强度

假设全国各省级行政区耕地面积保持2015年水平不变，预测2020年中国地膜使用强度为13.7kg/（hm^2·a），比2015年提高14.6%，空间差异显著，2020年高于全国地膜使用强度均值的有13个省级行政区，其中新疆维吾尔自治区最高，为58.2kg/（hm^2·a），其次为甘肃省、福建省、海南省、上海市、山东省、北京市、四川省、云南省、湖南省和浙江省，分别为31.1kg/（hm^2·a）、27.2kg/（hm^2·a）、25.3kg/（hm^2·a）、20.2kg/（hm^2·a）、20.1kg/（hm^2·a）、17.6kg/（hm^2·a）、17.4kg/（hm^2·a）、17.1kg/（hm^2·a）、16.8kg/（hm^2·a）和16.5kg/（hm^2·a）；地膜使用强度在10～15kg/（hm^2·a）的有天津市、青海省、江西省、重庆市、宁夏回族自治区、内蒙古自治区、河北省、广东省、河南省、江苏省、辽宁省、广西壮族自治区12个省级行政区，分别为14.4kg/（hm^2·a）、14.4kg/（hm^2·a）、13.1kg/（hm^2·a）、12.1kg/（hm^2·a）、12.0kg/（hm^2·a）、11.9kg/（hm^2·a）、11.6kg/（hm^2·a）、11.0kg/（hm^2·a）、10.9kg/（hm^2·a）、10.7kg/（hm^2·a）、10.2kg/（hm^2·a）和10.1 kg/（hm^2·a）；低于全国地膜使用强度均值的有18个省级行政区，其中地膜使用强度在5.0～10.0kg/（hm^2·a）的有山西省、湖北省、安徽省、贵州省、陕西省、吉林省、西藏自治区和黑龙江省，其中黑龙江省最低为3.5kg/（hm^2·a）。

通过对比2020年和2015年各省级行政区地膜使用强度，可以看出2020年度全国31个省级行政区的地膜使用强度在2015年度的基础上都有所增加，就增量而言，甘肃省最大，为6.6kg/（hm^2·a），其次是北京市、天津市、海南省、福建省、山东省和青海省，分别为6.1kg/（hm^2·a）、4.3kg/（hm^2·a）、4.1kg/（hm^2·a）、4.1kg/（hm^2·a）、3.7kg/（hm^2·a）和3.4kg/（hm^2·a）；增量为1～3kg/（hm^2·a）有18个省级行政区；小于1.0 kg/（hm^2·a）的有6个省级行政区。

就增幅而言，西藏自治区、北京市、天津市和青海省均超过了30%，分别为64.7%、53.0%、41.8%和30.5%；增幅为20%～30%的有甘肃省、黑龙江省、内蒙古自治区、山东省、广西壮族自治区和吉林省，分别为26.8%、25.3%、22.4%、22.3%、21.6%和20.6；增幅在10%～20%的有15个省级行政区；增幅低于10%的有6个省级行政区。

假设全国各省区耕地面积保持2015年水平不变，2025年预测中国地膜使用强度为15.5kg/（hm^2·a），比2020年提高13.2%，空间差异显著，2025年高于全国地膜使用强度均值的有12个省级行政区，其中新疆维吾尔自治区最高，为67.3kg/（hm^2·a），其次为甘肃省、福建省、海南省、上海市、山东省、四川省、云南省、湖南省、浙江省、青海省、北京市，分别为36.0kg/（hm^2·a）、31.5kg/（hm^2·a）、31.1kg/（hm^2·a）、21.1kg/（hm^2·a）、20.9kg/（hm^2·a）、19.7kg/（hm^2·a）、19.4kg/（hm^2·a）、19.1kg/（hm^2·a）、18.3kg/（hm^2·a）、17.8kg/（hm^2·a）、17.6kg/（hm^2·a）；地膜使用强度为10～15kg/（hm^2·a）的有天津市、江西省、宁夏回族自治区、内蒙古自治区、重庆市、河北省、广东省、河南省、江苏省、广西壮族自治区、辽宁省和山西省12个省级行政区，分别为15.0kg/（hm^2·a）、15.0kg/（hm^2·a）、14.0kg/（hm^2·a）、14.0kg/（hm^2·a）、13.5kg/（hm^2·a）、13.5kg/（hm^2·a）、13.3kg/（hm^2·a）、12.5kg/（hm^2·a）、12.2kg/（hm^2·a）、11.9kg/（hm^2·a）、11.4kg/（hm^2·a）和10.1kg/（hm^2·a）；黑龙江省最低为3.2kg/（hm^2·a）。

通过对比2025年和2020年各省级行政区地膜使用强度，可以看出2025年度全国30个省级行政区的地膜使用强度在2015年度的基础上都有所增加，就增量而言，新疆维吾尔自治区最大，为9.2kg/（hm^2·a），其次是海南省、甘肃省、福建省和青海省，分别为5.8kg/（hm^2·a）、4.8kg/（hm^2·a）、4.3kg/（hm^2·a）和3.3kg/（hm^2·a）；增量为1～3kg/（hm^2·a）有18个省级行政区；小于1.0 kg/（hm^2·a）的有7个省级行政区。

就增幅而言，西藏自治区、青海省、海南省和广东省均超过了20%，分别为28.2%、22.9%、22.9%和21.4%；增幅在10%～20%的有21个省级行政区；增幅低于10%的有5个省级行政区。黑龙江省地膜使用强度相对2020年减少了0.3kg/（hm^2·a），减少幅度为7.8%。

参考文献

李凤民, 鄢珣, 王俊, 等. 2001. 地膜覆盖导致春小麦产量下降的机理. 中国农业科学, 34(3): 330-333.

严昌荣, 何文清, 刘爽, 等. 2015. 中国地膜覆盖及残留污染防控. 北京: 科学出版社: 43-52.

严昌荣, 何文清, 薛颖昊, 等. 2016. 生物降解地膜应用与地膜残留污染防控. 生物工程学报, 32(6): 748-760.

严昌荣, 梅旭荣, 何文清, 等. 2006. 农用地膜残留污染的现状与防治. 农业工程学报, 22(11): 269-272.

赵爱琴, 魏秀菊, 朱明. 2015. 基于Meta-analysis的中国马铃薯地膜覆盖产量效应分析. 农业工程学报, (24): 1-7.

中华人民共和国农业农村部. 1993-2019. 中国农村统计年鉴. 北京: 中国统计出版社.

朱江, 艾训儒, 易咏梅, 等. 2012. 不同海拔梯度上地膜覆盖和不同肥力水平对马铃薯的影响. 湖北民族学院学报(自然科学版), 30(3): 330-334.

Baghour M, Moreno D A, Víllora G, et al. 2002. Root zone temperature affects the phytoextraction of Ba, Cl, Sn, Pt, and Rb using potato plants (*Solanum tuberosum* L. var. *spunta*) in the field. Environmental Letters, 37: 71-84.

Borenstein M, Hedges L V, Higgins J P T, et al. 2009. Introduction to Meta-analysis. West Sussex: Wiley.

Chen H, Li X, Hu F, et al. 2013. Soil nitrous oxide emissions following crop residue addition: a meta-analysis. Global Change Biology, 19: 2956-2964.

Chipman E W. 1961. Studies of tomato response to mulching on ridged and flat rows. Research, 41: 10-15.

Curtis P S, Wang X. 1998. A meta-analysis of elevated CO_2 effects on woody plant mass, form, and physiology. Oecologia, 113: 299-313.

Daryanto S, Wang L X, Jacinthe P A. 2017. Can ridge-furrow plastic mulching replace irrigation in dryland wheat and maize cropping systems? Agricultural Water Management, 190: 1-5.

FAO. 2015. FAO Cereal Supply and Demand Brief. http://www.fao.org/worldfoodsituation/csdb/en/[2015-3-3].

Gan Y, Siddique K H M, Turner N C, et al. 2013. Ridge-furrow mulching systems—an innovative technique for boosting crop productivity in semiarid rain-fed environments. Advances in Agronomy, 118: 429-476.

Gao H H, Yan C R, Liu Q, et al. 2018. Effects of plastic mulching and plastic residue on agricultural production: a meta-analysis. Science of the Total Environment, 651: 484-492.

Ghawi I, Battikhi A M. 2010. Watermelon (*Citrullus lanatus*) production under mulch and trickle irrigation in the Jordan Valley. Journal of Agronomy and Crop Science, 156: 225-236.

Gordon G G, Foshee W G, Reed S T, et al. 2006. The effects of colored plastic mulches and row covers on the growth and yield of okra. HortTechnology, 20: 224-233.

Guo Q, Yu L L. 2016. Effects of different types of plastic films on yield and water use efficiency. Journal of Irrigation and Drainage Engineering, 35: 73-77.

He E L, Jie W Q, Lv T, et al. 2015. The effects of plastic film color and ridge mulching on potato yield. Gansu Agricultural Science and Technology, 7: 55-57.

Hedges L V, Gurevitch J, Curtis P S. 1999. The meta-analysis of response ratios in experimental ecology. Ecology, 80: 1150-1156.

Ibarra-Jiménez L, Hugolira-Saldivar R, Valdez-Aguilar L, et al. 2011. Colored plastic mulches affect soil temperature and tuber production of potato. Acta Agriculturae Scandinavica, Section B—Soil & Plant Science, 61: 365-371.

Jia H, Zhang Y, Tian S, et al. 2017. Reserving winter snow for the relief of spring drought by film mulching in Northeast China. Field Crops Research, 209: 58-64.

Li F M, Wang J, Xu J Z, et al. 2004. Productivity and soil response to plastic film mulching durations for spring wheat on entisols in the semiarid Loess Plateau of China. Soil Tillage Research, 78: 9-20.

Li Q, Li H, Zhang L, et al. 2018. Mulching improves yield and water-use efficiency of potato cropping in China: a meta-analysis. Field Crops Research, 221: 50-60.

Li R, Hou X, Jia Z, et al. 2016. Mulching materials improve soil properties and maize growth in the Northwestern Loess Plateau, China. Soil Research, 54: 708-718.

Liakatas A, Clark J A, Monteith J L. 1986. Measurements of the heat balance under plastic mulches. I. Radiation balance and soil heat flux. Agricultural and Forest Meteorology, 36: 227-239.

Lin T R, Hu B, Han S E, et al. 2014. Comparison experiment for different color of film and different mulching methods of dry land potato. Inner Mongolia Agricultural Science and Technology, 3: 43-44.

Liu X J, Wang J C, Lu S H, et al. 2003. Effects of non-flooded mulching cultivation on crop yield, nutrient uptake and nutrient balance in rice-wheat cropping systems. Field Crops Research, 83: 297-311.

Luo Z, Wang E, Sun O J. 2010. Can no-tillage stimulate carbon sequestration in agricultural soils? A meta-analysis of paired experiments. Agriculture, Ecosystems & Environment, 139: 224-231.

Mai Z Z. 2011. Effects of different film color and mulching methods on soil temperature and moisture of potato. Ningxia Journal of Agricultural Forest Science Technology, 52: 3-4.

Mo F, Wang J Y, Xiong Y C, et al. 2016. Ridge-furrow mulching system in semiarid Kenya: a promising solution to improve soil water availability and maize productivity. European Journal of Agronomy, 80: 124-136.

Moreno M M, Cirujeda A, Aibar J, et al. 2016. Soil thermal and productive responses of biodegradable mulch materials in a processing tomato (*Lycopersicon esculentum* Mill.) crop. Soil Research, 54(2): 207.

Qin S, Zhang J, Dai H, et al. 2014. Effect of ridge-furrow and plastic-mulching planting patterns on yield formation and water movement of potato in a semi-arid area. Agricultural Water Management, 131: 87-94.

Rosenberg M S, Adams D C, Gurevitch J. 2000. MetaWin: Statistical Software for Meta-analysis. Version 2.1. Sunderland, MA: Sinauer.

Shan J, Yan X. 2013. Effects of crop residue returning on nitrous oxide emissions in agricultural soils. Atmospheric Environment, 71: 170-175.

Sreedevi S, Babu B M, Kandpal K, et al. 2017. Effect of colour plastic mulching at different drip irrigation levels on growth and yield of brinjal (*Solanum melongena* L.). Farm Science, 30: 525-529.

Wang T C, Wei L, Tian Y, et al. 2009. Influence on yield and quality on the farmland scale of winter wheat-summer maize double cropping system. Journal of Maize Science, 17: 108-112.

Zhang L L, Sun S J, Chen Z J, et al. 2018. Effects of different colored plastic film mulching and planting density on dry matter accumulation and yield of spring maize. Chin Journal of Applied Ecology, 29: 113-124.

Zhang P, Zhang X F, Wei T, et al. 2012. Effects of furrow planting with ridge film mulching and side planting with flat film mulching on photosynthesis and yield of winter wheat. Agricultural Research in the Arid Areas, 30: 32-37.

Zhang Q. 2017. Effects of different color film mulching on soil moisture-heat and yield of maize. Saving Irrigation, 4: 57-61.

Zhao H, Xiong Y C, Li F M, et al. 2012. Plastic film mulch for half growing-season maximized WUE and yield of potato via moisture-temperature improvement in a semi-arid agroecosystem. Agricultural Water Management, 104: 68-78.

第三章　农田地膜残留污染与防控

第一节　地膜残留污染的主要危害及分类等级

一、地膜残留污染的主要危害

环境污染是指由人类各种社会活动引起的环境质量下降，改变环境正常状态，进而有害于人类和其他生物生存与发展的现象（中国大百科全书环境科学编辑委员会，1983）。地膜残留污染是一个典型的由人类农业生产所引起的环境污染问题，因此，地膜残留污染应当定义为：由农业活动作用下的地膜残留所导致的农田质量下降的现象（严昌荣等，2015；何文清等，2009；Liu et al.，2014）。

在理论上，污染是指有害物质的数量或程度达到或超出环境承载力，对其所处生态系统及生物产生了一定程度的不良影响。研究地膜残留污染的危害也需要充分考虑其作为一个土壤中没有的外来物质，不宜以土壤本底值0作为参照系。当土壤中地膜残留量很低时，并不产生明显的或实质性的危害，只有当土壤中地膜残留量达到和高于某一个临界值时才对农作物、农事活动产生实质的影响，这种地膜残留量状态称为地膜残留污染。

（一）破坏土壤结构与功能

已有研究结果表明，地膜残留能够影响土壤的结构，尤其是土壤的通透性，当土壤中地膜残留达到一定程度后，土壤的通透性下降（周瑾伟，2017；刘海，2017；Zacharias et al.，2016），同时，影响水分和养分在土壤中的运移和均一性（解红娥等，2007；李元桥等，2015），对土壤水肥运移的影响与地膜残留量和残片的形态大小关系十分密切（唐文雪等，2017；董合干等，2013a）。在滴灌条件下，随土壤中地膜残留量增加，单位时间内湿润锋运移距离减小，湿润体缩小并且呈不规则分布，影响作物对土壤水分及养分的利用效率（李仙岳等，2013；郭彦芬等，2016；王亮等，2017）。在新疆灌溉地区，由于残留地膜阻碍地下水下渗，洗盐过程没法正常完成，可能引起土壤次生盐碱化等严重问题（乌甫尔江·托乎提等，2000；李杰等，2014）。此外，土壤中大量残留地膜会使得土壤-大气气体交换受阻，影响土壤微生物的正常活动，造成土壤肥力下降（白云龙等，2015；李洋等，2016）。

（二）阻碍农业生产活动

大量地膜残留在农田土壤中，影响了土壤结构与性质，进而导致土壤耕作性能下降。我国新疆、甘肃和内蒙古等地区为地膜使用量大、残留污染较为严重的农作区，耕田作业过程中往往出现残膜缠绕犁头、耙齿、中耕机杆齿或者堵塞播种机的播种口等现象，严重影响了耕种作业，降低了农业生产效率（严昌荣等，2014；Yan et al.，2014；He et al.，2017；李杰等，2014）。

（三）抑制作物生长发育及降低作物产量

残留地膜对作物生长发育的影响一直是地膜残留污染研究关注的重点，总体而言，残留地膜阻碍作物种子发芽、出苗、根系生长的研究结论相对一致，尤其当残留地膜达到一定数量后抑制效应更为明显（董合干等，2013b；唐文雪等，2017；王亮等，2017）。研究显示地膜具有较强的机械阻隔性，作物根系难以穿透残膜碎片，导致根系生长受到抑制，影响作物固着及对土壤中水分与营养物质的吸收利用（白云龙等，2015；李元桥等，2015）；在幼苗期往往导致出苗慢，出苗率降低，甚至出现缺苗断垄等现象（刘海，2017；董合干等，2013b）。残留地膜通过对土壤结构与功能的破坏，导致作物生长发育受到胁迫，呈现出生长缓慢、生长势弱和抗旱耐逆等性能下降、生物量降低及产量下降等现象（Zacharias et al.，2016；刘海，2017；谢红娥等，2007；董合干等，2013a；唐文雪等，2017；王亮等，2017；祖米来提·吐尔干等，2017；程卫东，2015）。

（四）降低农产品质量及品质

农田地膜残留可对农产品或农副产品的品质造成严重影响。较为典型的案例如地膜碎片混入棉花纤维，导致棉花印染困难，棉花品质明显下降；地膜碎片混入秸秆饲料，被牛、羊等家畜误食后可造成肠胃功能失调，严重时引起厌食和进食困难等（严昌荣等，2008；李杰等，2014）。

农田地膜残留已造成一系列的危害和经济损失。例如，在新疆进行棉花播种作业时，播种机后总是跟着2个人，其主要任务就是观察播种情况，避免残膜对播种质量造成影响。在地膜残留严重农田，一般播种机行走1000m左右时（5亩左右），就需要停下来对压土滚筒、压膜轮、开沟片和扶片上的残膜进行一次清理处理，防止和避免播种孔堵塞、残膜缠绕作业机具的部件，以提高播种作业效率和质量。由于地膜残留，每年棉花收获后和第二年播种前需要进行地膜回收，增加作业成本30元/亩，全疆地膜回收将要增加投入11.4亿元。残膜随着机械采收混入棉花，导致皮棉价格下降600～1000元/t，如果按照2019年新疆500万t皮棉中有1/2受到影响，而使棉花品质降低2个等级，价格将降低800元/t左右，直接经济损失高达20亿元。在华北和东北地区，花生种植中采用地膜覆盖越来越普遍，初步估算花生覆膜种植面积在1866万亩，将产生花生秸秆467万t（亩产花生秧250kg左右，单价0.6～0.8元/kg），为了利用这些花生秸秆，农民不得不进行去膜处理，每亩花生秧处理成本在30～50元/亩（全部处理需要增加6亿～10亿元投入），这一方面导致花生秧质量降低，另一方面加大了花生秧作为饲料的生产成本。

二、地膜残留污染分级标准

（一）分等定级的目的和意义

地膜残留污染标准及其等级划分问题，隶属于土壤环境保护标准的范畴，由于区域环境条件、农业生产特点的差异性，农田土壤系统是异常复杂的；残留地膜作为一种新型污染物，虽然问题本身相对简单，但关于这方面的调查和研究工作十分薄弱。因此，系统、全面、科学地进行地膜残留污染状况调查，全面客观地展示我国地膜残留污染的基本情况、分布状态和地膜残留的主要危害与影响（白云龙等，2015；周明冬等，2015；严昌荣等，2008；靳伟等，2017；唐文雪等，2017；李月梅，2015；郭战玲等，2016；Li et al.，2016；马辉等，2008；张丹等，2016），是进行地膜残留污染分级的重要前提。

开展农田地膜残留污染等级划分的目的是分类管理和治理地膜残留污染农田，其目标是：①等级划分结果能够反映出农田土壤中地膜残留量的变化特征；②有利于判别地膜残留污染的强度和危害，并且污染级次的差异应该科学合理，简单、易操作；③等级划分有利于地膜残留污染区评价、监测和防治等工作的部署与开展。

（二）地膜残留污染的级别及特点

农田地膜残留污染等级的划分需要保持合理的层级，不能过于细化也不宜过于粗放。分级过于细化，可能造成实际操作时工作量增大，且层级之间无法进行比较准确的判断，实际工作中应用性降低；如果划分层级过少，有可能无法反映污染的状况、特点和危害。综合研判与地膜残留污染有关的众多因素和危害，发现地膜残留量是一个关键指标，该指标与地膜残留污染危害程度有密切的关系，如地膜残留污染对农事活动、土壤结构和水肥运移、作物生长发育及农产品质量的影响程度等。因此，拟选择单位面积地膜残留量作为污染等级划分指标，污染等级可划分为5级：清洁级、一级污染（轻度污染）、二级污染（中度污染）、三级污染（重度污染）和四级污染（极重度污染）。

清洁级：没有或者偶尔采用地膜覆盖技术，农田土壤中没有或极少有残膜。

一级污染（轻度污染）：在农业生产中偶尔应用地膜覆盖技术，或者是应用地膜覆盖后进行了较为严格的清理回收，耕层土壤中存在一定数量的地膜残片，虽对农业生产尚未造成任何不良影响，但需要关注其变化趋势。

二级污染（中度污染）：地膜覆盖作为一个常用技术频繁应用，且用后对旧膜回收和处理不甚严格，农田耕层土壤中已残留和积累了较多的地膜残片，这些残留地膜在农业生产中已经显现出不良作用的苗头。

三级污染（重度污染）：农业生产中严重依赖地膜覆盖技术，且用后基本未有效进行地膜回收处理，农田土壤耕层中积累了大量地膜，导致农业生产活动受到影响，尤其播前需要进行残留地膜的清理等。

四级污染（极重度污染）：农业生产中严重依赖地膜覆盖技术，且用后基本未进行地膜回收处理，或者是直接将地膜翻耕到农田，导致耕层土壤中积累了大量地膜，严重影响了农业生产活动和农产品质量，必须采用措施进行应对。

（三）污染等级标准的定值方法及数值

由于地膜是一种农业生产投入品，其自然本底值为零，如果按照其他土壤污染物等级划分方法，采用地球化学基准值作为清洁级的判别标准，则不现实并且不合理，因此，按照每亩地膜用量的30%作为清洁级的界限，反映农业生产中应用和清除地膜的实际情况，以清洁级界限值的倍数作为一级污染至四级污染的界限值。虽然单位面积地膜用量存在较大的区域差异，但考虑到地膜残留污染的危害特点和工作的简便与一致性，在实际等级划分中忽略区域差异，采用统一的界限值，具体如表3-1所示。

表3-1　地膜残留污染农田等级划分表

指标	清洁级	一级污染	二级污染	三级污染	四级污染
残膜量（kg/hm^2）	<30	30～90	90～150	150～240	>240
主要影响及特点	无	不明显	水肥运移受到影响，敏感性作物萌发、生长受到影响	水肥运移受到较大影响，作物萌发、出苗、生长受到影响	土壤结构被破坏、透气性差，水肥不均，作物出现减产

三、农田地膜残留污染区域的分布特点

通过对全国主要覆膜农区的系统调查发现，由于覆膜年限、种植制度、栽培作物等不同，我国各地区地膜残留情况存在明显差异。其中，新疆地区、内蒙古西部黄灌区地膜残留情况最为严重，部分长期覆膜农田地膜残留量达到200kg/hm^2以上，四级污染的93个调研点平均地膜残留量为305.6kg/hm^2；三级污染调研点主要分布在新疆、甘肃、内蒙古中东部和东北风沙旱作区，99个调研点平均地膜残留量为195.8kg/hm^2；二级污染调研点主要分布在新疆、甘肃河西走廊、内蒙古中东部、吉林西部和云南南部，44个调研点平均地膜残留量为110.4kg/hm^2；华北大部分地区、西南山地虽然也存在地膜残留污染情况，但总体污染程度较轻，平均地膜残留量在80kg/hm^2以下。

第二节　聚乙烯地膜的降解

一、聚乙烯地膜降解的概念与特点

“降解”意为：①有机化合物分子中的碳原子数目减少，分子量降低；②高分子化合物的大分子分解成较小的分子（韩作黎，2013）。本书中聚乙烯地膜降解指构成地膜产品的聚乙烯高分子在光、热、水、氧、机械力等环境因素作用下，其C—C发生键氧化断裂，进而引起分子链碳原子数目减少、聚合度及分子量下降，非结晶区及小型结晶区解聚成亲水性低聚物或小分子，并最终在微生物作用下完全分解为CO_2、H_2O、CH_4、生物质等微生物代谢产物的过程（Gopferich，1996；Bonhomme et al.，2003；Shah，2008；Ammala et al.，2011；Briassoulis et al.，2015；Wilkes and Aristide，2017）。

聚乙烯是由几千至几万个乙烯小分子均聚或与少量1-烯烃共聚生成的线性高分子化合物（胡国文等，2014；夏勇等，2017），其降解特性受重复单元、分子链结构、凝聚态结构三个层级结构的共同影响（胡国文等，2014；潘祖仁，2015），主要包括分子键强度、分子链长度、分子亲/疏水性、分子结晶度等方面（胡国文等，2014；潘祖仁，2015）。一般而言，分子键强度越大、分子链越长、疏水性越强、分子结晶度越高，则分子越难降解（胡国文等，2014；潘祖仁，2015；欧阳平凯等，2012）。聚乙烯结构单元（$—[CH_2—CH_2]_n—$）的C—C、C—H键理化性能稳定，需要较高的能量或作用力才可发生分子键断裂；且分子量大、分子链长、链段结晶度高、疏水性强，难以与生物及化学物质接触或进入微生物体内代谢分解（Gopferich，1996；Gewert et al.，2015；Krueger et al.，2015；Laycock et al.，2017）；因此在自然条件下的降解过程非常缓慢（Gopferich，1996；Bonhomme et al.，2003；Shah et al.，2008；Ammala et al.，2011）。特别要说明的是：在聚乙烯的降解过程中，氢过氧化物和含氧基团的产生是启动自由基链式反应，促进聚乙烯发生非生物氧化降解的关键；通过检测氢过氧化物或含氧基团的含量及动态变化可以表征聚乙烯地膜的降解活性（Ammala et al.，2011；陈松哲和于九皋，2001）。此外，通过计算聚乙烯降解生成CO_2或CH_4的实际释放量占聚乙烯分子完全分解理论释放量的比例可推算聚乙烯材料经微生物同化作用实现完全分解的比例，即降解率（Shah et al.，2008；Wilkes and Aristide，2017）。Albertsson等（1988）通过^{14}C标记聚乙烯材料，跟踪监测聚乙烯薄膜在土壤填埋条件下$^{14}CO_2$释放量，研究发现在土壤中填埋10年之久的聚乙烯薄膜降解率仅为0.2%～0.5%。Ohtake 等（1995，1996，1998）进一步对土壤中填埋 32年的聚乙烯薄膜和塑料瓶进行表面分子结构与分子量分析，推算60μm厚度的聚乙烯薄膜在田间土壤填埋条件下实现完全降解大概需要300年。

另外，聚乙烯材料中，不论二维或三维空间结构，其分子的排列都不是完全均一或规整有序的（Ammala et al.，2011；于红军和赵英，2002；代军等，2017a）。分子链排列整齐、紧密的区域称为结晶区，较难与生物或化学物质接触反应，不易降解；分子链排列凌乱、疏松的区域称为非结晶区，分子链段柔顺度较高、活动性较大，相对易于在物理能量或化学物质作用下分解断裂（胡国文等，2014；Ammala et al.，2011；Gewert et al.，2005；代军等，2017b）；可见聚乙烯材料的降解过程具有反应速率不均一的重要特点（胡国文等，2014；欧阳平凯等，2012）。在外界因素的不断作用下，从材料表面到材料内部，聚乙烯分子按从非结晶区至小型结晶区的顺序先后发生分子链段断裂（Krueger et al.，2015；陈松哲和于九皋，2001；Vasile，2000），并根据材料降解的严重程度表现出机械强度下降，热力学、光学、电学、密度等理化特性改变，以致龟裂分解等现象（陈松哲和于九皋，2001；代军等，2017a；Vasile，2000）。Ohtake等（1996）对聚乙烯（LDPE）薄膜和塑料瓶的微观结构与数均分子量研究显示，土壤填埋32年后材料虽整体基本完整，但表面数均分子量由106下降到103，且出现大量微小孔洞，呈明显腐解现象。

根据生产工艺和理化性质的差异，聚乙烯分子可分为低密度聚乙烯（low-density polyethylene，LDPE）、高密度聚乙烯（high-density polyethylene，HDPE）、线型低密度聚乙烯（linear low-densitypolyethylene，LLDPE）等不同类型（严昌荣等，2015；潘祖仁，2015）。其中 LDPE 分子在高温高压条件下生成，反应条件剧烈，生成的分子链分支数目多、分子排列疏松、分子结晶度（即聚合物分子链中结晶区所占百分比）相对较低，表现为材料密度小、强度较差，但柔韧性、透光性好，且相对易于降解；HDPE分子通过催化剂作用在较低温度和压力条件下聚合产生，分支数目少、分子排列致密、分子结晶度高，其材料密度大、机械强度高，降解最为缓慢（Balasubramanian et al.，2010；Fontanella et al.，2010；代军等，2017b）。

二、聚乙烯地膜的非生物氧化降解

根据聚乙烯高分子降解反应的作用因素与机制，可将其划分为非生物氧化降解与生物氧化降解两个过程（Ammala et al.，2011；Krueger et al.，2015；Roy et al.，2011）。其中非生物氧化降解是指聚乙烯分子链在受到高于其分子间共价键键能的光、热、机械力等非生物因素作用时发生共价键氧化断裂，分解为小分子或低分子量物质的过程（Bonhomme et al.，2003，Ammala et al.，2011；Krueger et al.，2015；Roy et al.，2011；陈松哲和于九皋，2001）。普遍认为其作用机制与小分子碳氢化合物自发催化氧化反应是一致的（Ammala et al.，2011；Krueger et al.，2015）。具体包括以下步骤：①链引发，聚乙烯分子键在受到机械力或光、热等能量作用时断裂生成高活性自由基；②链增长，高活性自由基在有氧条件下迅速反应生成过氧基或氢过氧基等中间产物；③链转移，含不稳定过氧自由基或氢过氧自由基的化合物发生分子键断裂生成含羰基化合物；④链终止，含羰基化合物通过Norrish Ⅰ型反应生成酰基自由基和烃基自由基，酰基自由基可进一步反应生成二氧化碳、醛、羧酸、酯类等化合物，或者含羰基化合物通过 Norrish Ⅱ型反应生成末端乙烯基与甲基酮，甲基酮再经过第二次 Norrish Ⅱ型反应产生酮羰基（Ammala et al.，2011；Krueger et al.，2015）。聚乙烯分子发生非生物氧化反应过程中生成的羰基等紫外光敏感基团，以及过氧基、氢过氧基等高活性基团易于进一步分解生成自由基，启动聚乙烯分子的自发催化氧化反应，其含量与动态变化能够在一定程度上反映出聚乙烯的降解活性（Ammala et al.，2011；夏勇等，2017）（图3-1和图3-2）。

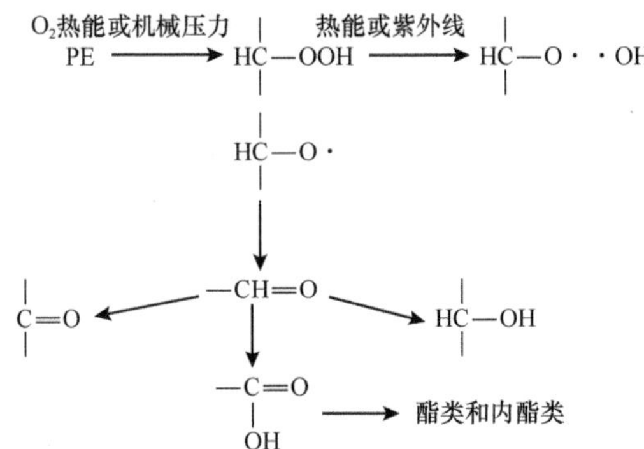

图3-1　聚乙烯分子降解过程示意图（Gewert et al.，2015）

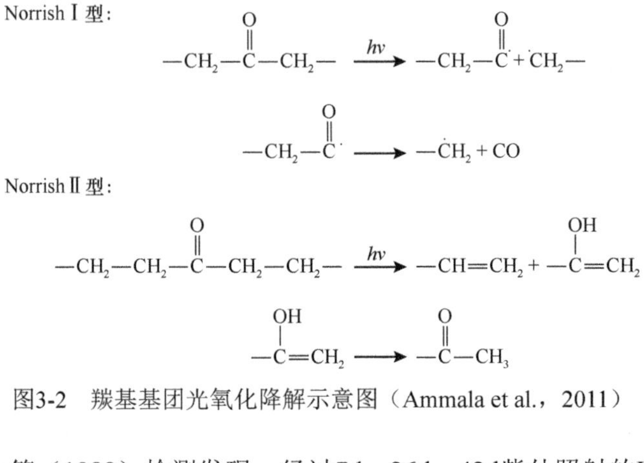

Norrish Ⅰ型：

$$-CH_2-\overset{\overset{\large O}{\|}}{C}-CH_2- \xrightarrow{h\nu} -CH_2-\overset{\overset{\large O}{\|}}{\dot{C}} + \dot{C}H_2-$$

$$-CH_2-\overset{\overset{\large O}{\|}}{\dot{C}} \longrightarrow -\dot{C}H_2 + CO$$

Norrish Ⅱ型：

$$-CH_2-CH_2-\overset{\overset{\large O}{\|}}{C}-CH_2-CH_2- \xrightarrow{h\nu} -CH=CH_2 + -\overset{\overset{\large OH}{|}}{C}=CH_2$$

$$-\overset{\overset{\large OH}{|}}{C}=CH_2 \longrightarrow -\overset{\overset{\large O}{\|}}{C}-CH_3$$

图3-2　羰基基团光氧化降解示意图（Ammala et al.，2011）

Albertsson等（1988）检测发现，经过7d、26d、42d紫外照射的LDPE薄膜，在土壤中填埋10年后失重率分别达到0.3%、0.5%、5.7%，明显高于未经紫外照射的对照薄膜0.2%的失重率，提示紫外辐射能够加快聚乙烯薄膜的降解反应。此外，Jakubowicz（2003）研究发现，在25℃环境温度下将聚乙烯氧化降解地膜填埋在土壤中4.5年后，地膜的数均分子量可下降到10 000以下；而在60℃条件下这一过程则只需要180d。Chiellini等（2006）通过分析材料分子量与表面性能等指标，证实随温度升高（55～70℃）聚乙烯薄膜分解速度明显加快。为了模拟研究较长时间尺度上聚乙烯地膜的降解情况，Briassoulis等（2015）通过人工加热及紫外辐射的方法对聚乙烯残留地膜进行加速老化处理，回填到土壤中观察地膜在自然状态下的分解情况。结果显示，未经人工加速老化处理的聚乙烯薄膜填埋在土壤中8.5年后降解现象不明显，经过高温（50℃处理800h）及紫外辐射（用35～45W/m^{2}紫外灯在25cm距离处照射800h）处理的聚乙烯薄膜回填到土壤中 8.5年后完全分解为直径小于1mm的塑料微颗粒，且降解过程进一步持续。上述结果说明光、热等环境因素能够明显促进聚乙烯地膜的降解反应（Albertsson and Hakkarainen，2017；Hayes et al.，2017）。

三、聚乙烯地膜的生物氧化降解

微生物在聚乙烯的降解过程中发挥了重要作用。早期研究显示，环境中微生物能够对聚乙烯经非生物氧化过程产生的小分子物质与数均分子量小于5000的低分子量物质进行快速分解利用（Albertsson et al.，1998；Reddy et al.，2009），并伴随自身生长繁殖（Roy et al.，2008）。近年来研究进一步发现，阿氏肠杆菌 *Enterobacter asburiae*、芽孢杆菌*Bacillus* sp.、波茨坦短芽孢杆菌*Brevibacillus borstelensis*等微生物能够在不含促氧化添加剂的条件下以未经光热预处理的数均分子量为28 000甚至191 000的低密度聚乙烯作为唯一有机碳源进行分解利用（Hadad et al.，2005；Yang et al.，2014），为聚乙烯的微生物降解及白色污染的综合治理提供了新的重要途径。

目前从塑料垃圾污染的土壤、污泥、填埋场、堆肥厂、海洋等环境中分离得到的可能参与聚乙烯材料降解的微生物有几十种，分别属于细菌中的20个属和真菌中的12个属（Wilkes and Aristide，2017；Yang et al.，2014；Restrepo-Flórez et al.，2014；Esmaeili et al.，2013；Awasthi et al.，2017）。研究显示，这些微生物能够在聚乙烯材料表面附着生长，导致聚乙烯材料在分子结构、分子量、机械性能、材料完整性等方面发生明显改变（表3-2）。

表3-2 参与聚乙烯降解过程的主要微生物

分界	属	种	参考文献
细菌	*Acinetobacter*	*Acinetobacter baumannii*	Restrepo-Flórez et al.，2014
	Arthrobacter	*Arthrobacter* spp., *Arthrobacter paraffineus*, *Arthrobacter viscosus*	Albertsson et al., 1998; Balasubramanian et al., 2010; Restrepo-Flórez et al., 2014
	Aspergillus	*Aspergillus niger*	Esmaeili et al., 2013
	Bacillus	*Bacillus* spp., *Bacillus amyloliquefaciens*, *Bacillus brevies*, *Bacillus cereus*, *Bacillus circulans*, *Bacillus halodenitrificans*, *Bacillus mycoides*, *Bacillus pumilus*, *Bacillus sphericus*, *Bacillus thuringiensis*	Roy et al., 2008; Yang et al., 2014; Restrepo-Flórez et al., 2014; Watanabe et al., 2009; Sudhakar et al., 2008; Seneviratne et al., 2006; Kawai et al., 2004
	Brevibacillus	*Brevibacillus borstelensis*	Hadad et al., 2005
	Delftia	*Delftia acidovorans*	Koutny et al., 2009
	Enterobacter	*Enterobacter asburiae*	Yang et al., 2014
	Flavobacterium	*Flavobacterium* spp.	Koutny et al., 2009

续表

分界	属	种	参考文献
细菌	*Lysinibacillus*	*Lysinibacillus xylanilyticus*	Esmaeili et al., 2013
	Microbacterium	*Microbacterium paraoxydans*	Rajandas et al., 2012
	Micrococcus	*Micrococcus luteus*, *Micrococcus lylae*	Restrepo-Flórez et al., 2014
	Nocardia	*Nocardia asteroides*	Koutny et al., 2006
	Paenibacillus	*Paenibacillus macerans*	Restrepo-Flórez et al., 2014
	Pseudomonas	*Pseudomonas* spp., *Pseudomonas aeruginosa*, *Pseudomonas fluorescens*	Wilkes and Aristilde, 2017; Restrepo-Flórez et al., 2014; Balasubramanian et al., 2010; Koutny et al., 2009; Rajandas et al., 2012
	Rahnella	*Rahnella aquatilis*	Restrepo-Flórez et al., 2014
	Ralstonia	*Ralstonia* spp.	Koutny et al., 2009
	Rhodococcus	*Rhodococcus erythropolis*, *Rhodococcus ruber*, *Rhodococcus rhodochrous*	Koutny et al.，2006，2009；Gilan et al.，2004；Santo et al.，2013
	Staphylococcus	*Staphylococcus cohnii*, *Staphylococcus epidermidis*, *Staphylococcus xylosus*	Restrepo-Flórez et al., 2014
	Stenotrophomonas	*Stenotrophomonas* spp.	Koutny et al., 2009
	Streptomyces	*Streptomyces badius*, *Streptomyces setonii*, *Streptomyces viridosporus*	Pometto et al., 1992
真菌	*Acremonium*	*Acremonium kiliense*	Karlsson et al., 1988
	Aspergillus	*Aspergillus flavus*, *Aspergillus niger*, *Aspergillus versicolor*	Koutny et al., 2006; Karlsson et al., 1988; Volke-Sepúlveda et al., 2002; Pramila and Vijaya, 2011; Pramila, 2011; Sowmya et al., 2012
	Chaetomium	*Chaetomium* spp.	Sowmya et al., 2012
	Cladosporium	*Cladosporium cladosporioides*	Koutny et al., 2006
	Fusarium	*Fusarium redolens*	Albertsson and karlsson, 1990
	Gliocladium	*Gliocladium virens*	Manzur et al., 2004
	Mortierella	*Mortierella alpina*	Koutny et al., 2006
	Mucor	*Mucor circinelloides*	Pramila, 2011
	Penicillium	*Penicillium frequentans*, *Penicillium pinophilum*, *Penicillium simplicissimum*	Seneviratne et al.，2006；Volke-Sepúlveda et al., 2002；Manzur et al.，2004；Yamada-Onodera et al., 2001
	Phanerochaete	*Phanerochaete chrysosporium*	Manzur et al., 2004
	Rhizopus	*Rhizopus oryzae*	Awasthi et al., 2017
	Verticillium	*Verticillium lecanii*	Karlsson et al., 1988

基于聚乙烯降解过程中重要微生物的分离鉴定与功能研究，参考具有相似结构特性的线形石蜡分子的生物降解过程，分析推测聚乙烯生物降解包括3个步骤（Shah et al.，2008；Wilkes and Aristilde，2017；Lucas et al.，2008）。①生物腐蚀：微生物能够在细胞表面分泌多糖、蛋白质等多聚物构成黏液层，帮助自身抵御不良环境，并聚集空气中的微小物质以促进自身生长繁殖。在聚乙烯降解过程中，该黏液层可以有效降低聚乙烯分子表面疏水性，帮助微生物黏附在材料表面并促进微生物分泌的胞外酶与聚乙烯材料表面分子链段或低分子量物质相互作用。②生物分解：微生物分泌的特定酶类通过水解、氧化等多重反应将聚乙烯分子链段分解为低分子量寡聚物、二聚体、单体等分子碎片。③生物同化：由聚乙烯分解产生的低分子量物质透过细胞膜进入微生物体内，根据微生物的种类、生长环境等差异分别通过有氧呼

吸、厌氧呼吸、发酵等不同途径代谢生成微生物生长繁殖所需的电子、能量（ATP）及构成细胞组分的营养元素等。Kawai等（2004）推测在有氧条件下，微生物体内的聚乙烯分子碎片可能通过β-氧化途径分解生成乙酰辅酶A，进一步通过三羧酸循环分解为CO_2、H_2O与能量物质（Ammala et al.，2011）（图3-3）。由于经过微生物代谢生成的无机小分子一般均可以进入生物地球化学循环，认为其不存在生态毒性（Lucas et al.，2008）。

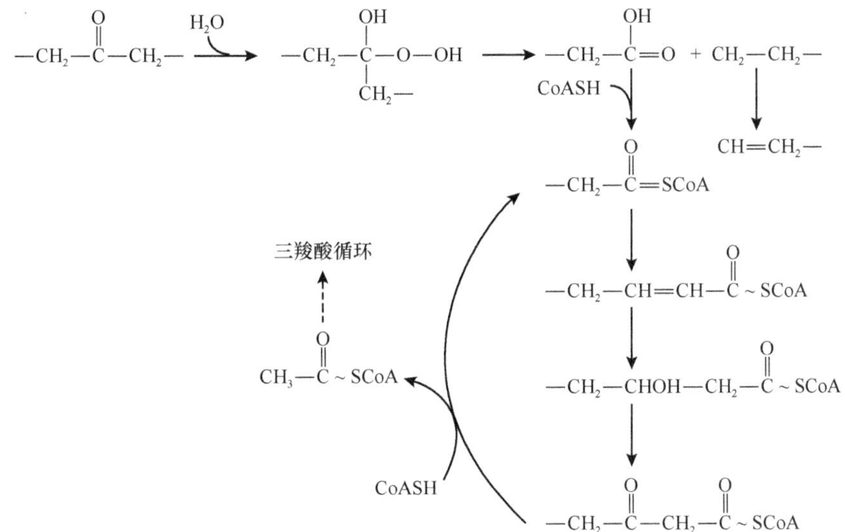

图3-3　聚乙烯分子氧化生物降解过程假说示意图

第三节　土壤微塑料污染

一、微塑料的定义和分类

微塑料是指直径小于5mm的微小塑料颗粒，主要包括直接排放到环境中的微小塑料颗粒及大块塑料残体破裂分解或降解而成的微小塑料微粒，具有分布广、粒径小、化学性质稳定、可在环境中长期存在、易于被生物体吸收的特点，容易在食物链中积累（Rillig，2012；Horton et al.，2017a；Hurley and Nizzetto，2018；Liu et al.，2018）。微塑料作为一种新兴的环境污染物，已被列入联合国环境规划署《2014年年鉴》十大新兴问题之一，并被认为是导致生物多样性丧失的重要因素（Gall and Thompson，2015），对人类健康和活动构成了潜在威胁。

据统计，1972～2018年，国内外关于微塑料污染的研究报道74%集中在海洋、淡水湖和河流等水生生态系统中，23%是关于水生生态系统沉积物（Andrés Rodríguez-Seijo，2018；Liu et al.，2018；Zhou et al.，2018）。自Rillig（2012）首次提出土壤和陆地生态系统中微塑料污染问题以后，人们逐渐开始关注微塑料对土壤环境的影响（Huerta et al.，2016；Nizzetto et al.，2016c；Horton et al.，2017b；de Souza Machado et al.，2018；Scheurer and Bigalke，2018；Yang et al.，2018；Zhang and Liu，2018）。但目前有关陆地环境微塑料污染研究的报道还相对较少（Huerta et al.，2016；Horton et al.，2017b），仅占全部微塑料污染研究的3%（Andrés Rodríguez-Seijo，2018）。

有研究表明，塑料残膜能够分解或降解为微塑料（Ramos et al.，2015；Steinmetz et al.，2016），或向土壤中释放多种重金属和有机污染物，尤其是塑化剂（PAE），为土壤生物和人类健康带来潜在危险（Kasirajan and Ngouajio，2012；Wang et al.，2013；Steinmetz et al.，2016；Wang et al.，2016）。但Piehl等（2018）在没有应用肥料及塑料薄膜的农田土壤中也检测到了微塑料的存在。目前还没有研究分析报道残留地膜对土壤生境的影响是由土壤微塑料或塑化剂引起的。

微塑料按其来源可分为初生微塑料和次生微塑料。初生微塑料是指工业生产过程或者人类生活中直接产生的微小塑料颗粒，如洗涤剂和化妆品中添加的塑料微珠；次生微塑料是指大的塑料制品在紫外光或者其他外力条件下破碎分解或降解而成的塑料微粒。根据形状，微塑料可分为纤维（细长的）、碎片（小的有棱角的碎片）、薄膜（薄的、柔软的）和颗粒（球形的或卵形的），其中纤维是最主要的形态（Jabeen et al.，2017；Liu et al.，2018）。根据粒径不同，微塑料又进一步分为小微塑料（＜1mm）、中微塑料（1～3mm）和大微塑料（3～5mm）（Andrady，2011；Rillig，2012；GESAMP，2015；Horton et al.，2017b；Andrés Rodríguez-Seijo，2018；Liu et al.，2018）。

土壤微塑料主要来源于农用塑料薄膜、城市垃圾、污水污泥、大气尘埃、土壤沉降等（McCormick et al.，2014；Nizzetto et al.，2016a；Andrés Rodríguez-Seijo，2018；Blasing and Amelung，2018；Liu et al.，2018）。农膜和堆肥的应用可能是农田土壤发生微塑料污染的主要因素（Blasing and Amelung，2018；Hurley and Nizzetto，2018）。地膜覆盖是我国农业生产中重要的农艺技术之一，在保障粮食安全的同时也带来了残膜在农田中大量积累的问题（Liu et al.，2014；Yan et al.，2014），大量残留农膜又分解或降解为塑料碎片甚至微塑料存在于农田土壤中（Ramos et al.，2015；Steinmetz et al.，2016）。Carr等（2016）的研究结果表明，污水处理过程中90%的微塑料会累积到污泥中，污水污泥作为肥料广泛应用于农田土壤后，造成微塑料在土壤环境中大量积累（Nizzetto et al.，2016c；Andrés Rodríguez-Seijo，2018），根据概念模型估算出欧洲农田土壤中每年由应用污水污泥直接带入的微塑料有125～850t（Nizzetto et al.，2016b）。此外，垃圾填埋场也是土壤微塑料污染的一个点“源”（Zubris and Richards，2005；Hopewell et al.，2009；Duis and Coors 2016；Andrés Rodríguez-Seijo，2018）。

二、微塑料的分离与检测方法

由于土壤环境的复杂性和微塑料自身特性，从土壤环境中分离微塑料尤其是纳米微塑料（Alimi et al.，2018；Hurley and Nizzetto，2018）比从海洋生态系统中分离更为困难。目前微塑料的分离和鉴定方法尚没有统一的标准（Song et al.，2015；Tagg et al.，2015），尽管正在最近努力建立有效的分析程序（Velzeboer et al.，2014；Gigault et al.，2016），但对不同地区的微塑料情况进行比较分析仍十分具有挑战性。土壤中微塑料的分离需经过密度悬浮和去除杂质的过程（Richard et al.，2004；Nuelle et al.，2014；Qiu et al.，2016；Liu et al.，2018；Zhang S et al.，2018）。

借鉴海洋生态系统沉积物中微塑料的分离方法，一般采用饱和氯化钠、多钨酸钠或海水等悬浮液对土壤样品进行浸泡分离。此外，常见的密度悬浮液还有碘化钠溶液和氯化锌溶液（Claessens et al.，2013；Corcoran et al.，2015；Fok and Cheung，2015）。不同微塑料种类其密度不同，悬浮液密度高容易悬浮出其他干扰物质，悬浮液密度较低时不能悬浮出某些微塑料种类。因此，认为可配合使用不同浓度的悬浮液分步悬浮出不同种类的微塑料，提高微塑料萃取率（Nuelle et al.，2014）。先用低密度悬浮液分离土壤样品中微塑料颗粒，再用高密度溶液浮，整个过程中微塑料萃取率可达91%～99%，萃取率还取决于微塑料的形状、大小和来源。

从土壤中半分离出的微塑料表面往往附着较多的土壤颗粒和有机质，为更好地进行后续研究，需进一步去除有机质。去除有机质的过程有用盐酸溶液清洗去除表面杂质，采用氧化法或酶消化法去除有机质等。其中氧化法中所用氧化剂主要有高锰酸钾、高锰酸钾与硫酸混合液、过氧化氢或过氧化氢和硝酸混合液等（Qiu et al.，2016；Liu et al.，2018）。有研究表明，35%的过氧化氢溶液比37%的盐酸和20%、30%、40%、50%的氢氧化钠溶液更利于去除生物有机质（Nuelle et al.，2014）。Tagg等（2015）发现30%的过氧化氢溶液除能有效去除有机质外还能提高过滤效率，有助于采用红外光谱鉴定不同种类的微塑料。Cole等（2014）发现酶消化与酸和碱消化相比是去除有机质的有效方法，有些氧化性酸（硫酸、硝酸）会破坏低pH耐受性的塑料。同样，碱也可以通过分解蛋白质、碳水化合物和脂肪来破坏生物组织去除有机质，但它可能会使尼龙、聚乙烯等塑料遭到破坏或褪色。目前，尚没有统一的方法来去除土壤微塑料表面的有机质。

土壤微塑料的主要分析鉴定方法有目测法、立体显微镜观测法、电子扫描显微镜观测法、傅里叶红外光谱法、拉曼光谱法等（Song et al.，2015；Qiu et al.，2016；Zhou et al.，2018）。一般，目测法难以鉴定微小的塑料颗粒，往往低估生态环境中微塑料的丰度；立体/电子扫描显微镜观测法是常用的鉴定微塑料的方法，但很难区分与微塑料结构相似的微小颗粒，造成鉴定过程中低估或高估微塑料丰度。

傅里叶红外及拉曼光谱法能进一步确定不同种类微塑料的结构和组成，但其成本相对较高。

三、土壤微塑料的环境效应

（一）微塑料的分布和迁移

随着塑料工业的发展，全球塑料废弃物量急剧攀升（Roland，2017），已从1950年的150万t增加到2016年的33 500万t（Liu et al.，2018），经验计算表明，32%的塑料制品被陆地环境所容纳（Roland，2017）。在欧洲和北美每年有6.3万t与4.4万t塑料产品应用于农田中（Nizzetto et al.，2016a，2016b）；中国作为最大的塑料生产国和使用国，农用塑料薄膜（地膜和棚膜）年使用量高达260万t，其中，地膜年投入量近150万t，农作物覆膜面积近3亿亩（Yan et al.，2014），并且大部分塑料产品直至作物收获都没有移出地表（Liu et al.，2014），在中国新疆棉花地中地膜残留量平均达259kg/hm^2，局部残留量最高达381kg/hm^2（Yan et al.，2014）。据报道，欧洲农田土壤中微塑料浓度高达1000～4000个/kg土（Barnes et al.，2009），有学者估计欧洲和北美每年有10万～70万t微塑料进入农田土壤，陆地环境中微塑料的丰度远高于海洋生态系统（Van Sebille et al.，2015；Nizzetto et al.，2016b，2016c；Horton et al.，2017b）。

近年来，大量研究报道了沿海和海洋环境中微塑料的分布及其污染机制（Cole et al.，2011；Bergmann et al.，2017），针对人类活动强度高的湖滨浅滩微塑料丰度及其分布情况的调查研究也有所增加（Duis and Coors，2016；Horton et al.，2017a；Jabeen et al.，2017；Wang et al.，2017；Zhou et al.，2018），但对农田土壤中微塑料的分布运移情况研究较少（de Souza Machado et al.，2018a；Zhou et al.，2018）。仅有的几份研究表明不同深度土壤中微塑料的丰度不同，高度污染的表层土壤中微塑料丰度高达7%（Fuller and Gautam，2016；Liu et al.，2018）。Liu等（2018）研究发现，在所有采样点的浅层土壤和深层土壤中均能检测出微塑料的存在，只有70%的采样点浅层土壤和40%的采样点深层土壤中检测出微塑料的存在，不同试验样点的微塑料丰度不同也可能是由覆膜时间不同造成的。

土壤不仅是微塑料的“汇”，也是水环境中微塑料的“源”（Luo，2018）。微塑料到达土壤表面后通过生物扰动（Rillig，2012；Rillig et al.，2017a）、土壤管理实践（Liu et al.，2018）、地表径流（Zhang M et al.，2018）或水渗透（Luo，2018）等方法有效地与土壤基质结合或直接从浅层土壤向下层运移。土壤动物致使微塑料从点源向面源在土壤系统内运输扩散，其机制表现为塑料颗粒附着在生物体的外部，或者通过摄食和排便的方式在土壤中转移（Cao et al.，2017；Rillig et al.，2017b）。土壤微塑料还可通过地表径流从陆地长距离运输转移到地下水，甚至沉降至海洋等水生生态系统（Kyrikou and Briassoulis，2007；Brodhagen et al.，2015；

Steinmetz et al.，2016；Hurley and Nizzetto，2018），且地表径流对微塑料的运移程度与微塑料的粒径大小和密度有关（Nizzetto et al.，2016c）。除此之外，微塑料的种类、粒径大小及其表面特性也是影响微塑料在土壤中转移运输的重要因素。因此，进一步研究微塑料的风化过程、吸附能力和运输，尤其是小于1mm的微塑料（Zhou et al.，2018），充分了解土壤微塑料的分布和运移情况对海洋生态系统及土壤环境的保护与治理至关重要。

（二）微塑料对土壤结构的影响

传统农业中，一直将土壤物理化学特性作为评价农用塑料利弊的技术指标（Liu et al.，2014；Steinmetz et al.，2016；Jiang et al.，2017）。残留塑料在土壤中的积累会对土壤地表和上层土壤的理化性质造成负面影响（Andrés Rodríguez-Seijo，2018）。有研究表明，塑料薄膜的大量使用不仅增加了微塑料在土壤中的累积，还可以破坏土壤团聚体，从而降低土壤的通气和透水性，影响土壤结构，进而损害作物生长（Zeng et al.，2013；Jiang et al.，2017；Zhang M et al. 2018）。目前关于微塑料和土壤结构及团聚体之间关系的报道相对较少（Zhang and Liu，2018），且还没有研究明确表明微塑料对土壤结构的影响。将来应对此方面的内容进行深入研究，为进一步了解土壤微塑料的分布及污染机制提供重要参考。

（三）微塑料对土壤物质循环的影响

微塑料是陆地生态系统中广泛存在的污染物，可能对土壤有机碳氮、土壤微生物活性及养分转化有一定的负效应（Rillig，2012，2018；Cao et al.，2017；Liu et al.，2017；Rillig et al.，2017a）。Liu等（2017）研究表明，微塑料的添加能够刺激土壤酶活性，激活土壤有机碳氮磷库，有利于可溶性有机碳氮磷的积累。Hodson等（2017）的研究表明，微塑料可以提高重金属锌的生物利用率，但微塑料只是作为媒介增加蚯蚓和锌的接触，其对蚯蚓的潜在风险机制尚不为人所知。

Ramos等（2015）认为，塑料残体可以富集土壤中的有机农药并引起有机农药向塑料基质内部迁移，引起土壤生境变化。Moreno和Moreno（2008）、Wang等（2016）研究表明，地膜覆盖降低了土壤微生物生物量碳氮含量，且土壤微生物生物量碳氮含量随地膜残留量的增加而显著降低，此结果是否是由残留地膜分解或降解成微塑料或释放有毒污染物引起的，有待深入研究。

（四）微塑料对土壤生物及其微生物活性的影响

在人类的生命和污染管理的时间尺度上，微塑料被认为是近乎长久存在和逐渐累积的（Roland，2017）。如果微塑料引起土壤生境发生变化，其将对土壤生物造成潜在威胁。目前，塑料产品和微塑料对土壤生物的影响日渐受到关注（Cao et al.，2017；Wang et al.，2017；Huerta et al.，2016，2017a，2017b；Rilliget al.，2017b；

Chae and An，2018）。Huerta等（2016）研究了暴露在含有不同浓度微塑料的枯枝落叶层中（含有0.2%～1.2%微塑料的非根际土壤）蚯蚓存活率和适应性。与对照组和含有7%微塑料的处理相比，含28%、45%和60%微塑料的垃圾中蚯蚓在60d后的死亡率较高，且生长速度显著降低。试验还证实了蚯蚓对微塑料的消化吸收具有选择性，这对研究陆地生态系统中微塑料及其污染风险具有重要意义。Cao等（2017）研究表明，微塑料浓度较低（＜0.5%）时对蚯蚓的影响不大，当土壤微塑料浓度为1%和2%时，会明显抑制蚯蚓的生长并增加其死亡率。目前，关于微塑料对微生物活性的影响研究主要集中在海洋等水生生态系统（Zettler et al.，2013；McCormick et al.，2014），陆地生态系统中相关数据相对缺乏（de Souza Machado et al.，2018b；Yang et al.，2018），未来应加强微塑料对土壤生境影响的研究。

（五）微塑料对地下水及水生环境的影响

有人认为海洋中的微塑料主要来源于陆地生态系统（Martin，2014；Horton et al.，2017b；Luo，2018），土壤微塑料可从陆地通过动物运移、地表径流等方式长距离运输转移到地下水（Kyrikou and Briassoulis，2007；Brodhagen et al.，2015；Steinmetz et al.，2016；Hurley and Nizzetto，2018），影响地下水生环境，甚至干扰海洋生态环境。目前，关于微塑料对海洋生物影响的研究已有很多（Zettler et al.，2013；McCormick et al.，2014），有关地下水中微塑料的报道还很缺乏（Chae and An，2018）。

四、农田微塑料与土壤和农产品安全

塑料污染、微塑料污染是目前异常热炒的话题，从全球范围看，塑料污染重点还是在海洋、河流上，土壤塑料污染相对而言属于比较小众的、滞后的研究点和话题。对我国而言，由于地膜覆盖应用的特殊性，土壤地膜残留是我国特有的污染问题，但关于土壤中微小塑料数量和危害还知之甚少，有专家认为“土壤中的微塑料可能是一个更严重的环境问题”，也有专家认为微塑料不会对我们人类产生大的危害。因此，在当今塑料几乎无处不在的时代，对这个问题，我们既不能无动于衷，也绝不可过分夸大，需要加快这方面研究和综合评估，尽快形成政府决策的技术依据。

农产品中塑化剂是一个社会公众极为关心的、另一个与地膜残留污染相关联的话题。有研究结果认为，地膜是农田土壤（Chen et al.，2013；Wang et al.，2016）和农产品（Wang et al.，2013；Li et al.，2016）塑化剂的来源。农业农村部农膜污染防控重点实验室对全国100多个地膜样品检测的结果显示，地膜中6种主要塑化剂平均浓度为14.6mg/kg（肥料标准中塑化剂含量小于25mg/kg，见GB 38400—2019），据此计算，地膜覆盖和残留污染对土壤中塑化剂含量的贡献十分有限，与农产品中塑化剂含量并未产生直接关联。关于这个问题，社会上包括学术界都存在较大争议，农产品安全无小事，关系到千家万户，地膜覆盖及残留污染是否与农产品中塑化剂超标存在直接和间接关联，是一个需要认真对待的问题，应该有明确和清晰的答案。

第四节　向日葵地膜应用与残留污染防控

一、向日葵的分布与地膜覆盖

（一）向日葵种植的历史分布特点

近10年来，全国向日葵播种面积为1078.7万～1530.6万亩，总体上稳中有升，其中2005～2007年的播种面积变化幅度较大，最低为1078.7万亩，最高为1530.6万亩，2008～2014年面积比较稳定，为1332.2万～1474.7万亩。向日葵的种植主要集中在内蒙古、新疆和吉林，三地的播种面积占全国总播种面积的47.2%～73.7%，其中，内蒙古的播种面积最大，尤其是近5年，占全国播种面积的40%以上。

不同地区的种植面积受气候变化、病害发生、栽培技术、经济效益等影响具有不同的变化规律。常年播种面积在10万亩以上的地区按照面积大小及变化趋势大致分为4类，第一类种植面积大且稳中有增，包括内蒙古、新疆、吉林，这三个地区的向日葵常年播种面积均在100万亩以上，尤其是内蒙古（周伟等，2010）和新疆，由于地膜覆盖技术的改进及配套机械的完善，向日葵的适宜种植区域扩大到原来产量极低的干旱、盐碱化耕地，播种面积扩大，每年增加面积为46.4万亩；第二类种植面积较小但增加迅速，包括河北和甘肃，分别从2015年的36.0万亩和35.8万亩增加至2014年的77.4万亩和68.6万亩，面积增幅115%和91.6%；第三类种植面积较大但呈缩减趋势，包括黑龙江、山西和辽宁，其中黑龙江的播种面积从2005年的310.3万亩锐减到2014年的24.9万亩，山西省从170.5万亩缩减到46.4万亩，总的种植面积每年缩减43.0万亩，主要是受病虫害、风灾影响（王廷生等，2010）；第四类种植面积不大，较稳定，包括宁夏、陕西和河南。

（二）地膜覆盖对向日葵种植分布的影响

据不完全统计，2007年以来全国向日葵采用地膜覆盖栽培的面积不断增加，2007～2011年的面积变化较小，为132.7万～186.8万亩，2012年以后迅速增加至350万亩以上，尤其是2014年达到了632.2万亩。同样2012年前，向日葵覆膜面积比例维持在10%左右，随后覆膜比例增加，2014年更是达到了44%（图3-4），全国向日葵覆膜面积较大的地区为内蒙古、新疆和甘肃，三地区的覆膜比例占全国的95%以上，其中所占比例最大的是内蒙古，多年平均占全国覆膜面积的71.6%，新疆为15.5%，甘肃为8.8%。

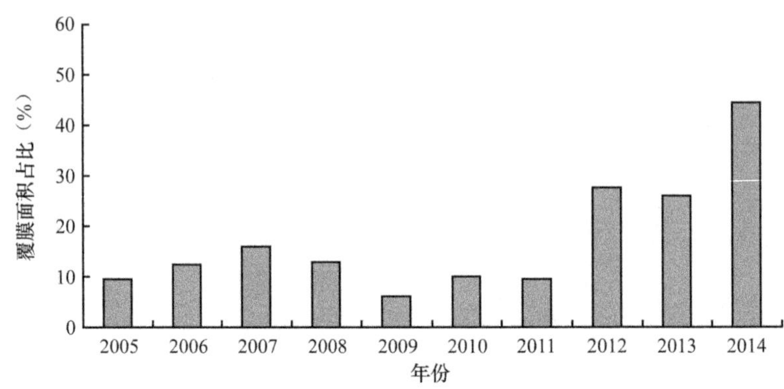

图3-4　全国向日葵地膜覆盖栽培面积比例

地膜覆盖技术应用面积快速增长，主要是因为地膜具有增温、保墒及抑盐作用，使向日葵的种植区域进一步向低温、干旱及盐碱化地区扩展。在阴山北麓干旱半干旱地区，由于干旱和低温，向日葵高产品种的种植受到很大限制，以乌兰察布市为例，2010年之前向日葵的播种面积在0.3万～5.3万亩，之后面积迅速增加，到2014年达到24.1万亩。赵沛义等（2012）在该区域的研究表明，覆膜种植较露地种植的地温平均提高了3℃，水分利用效率提高20.7%～28.2%，使向日葵的生育期提前，籽实产量等性状指标显著高于露地处理。地膜覆盖使向日葵种植向盐碱化较重的低产田扩展。樊润威等（1996）在地膜应用初期的研究表明，覆膜可以使土壤生态环境得到改善，苗期5cm的地温提高5～13℃，同时减轻了盐害，膜内盐分含量比膜外少0.3～0.6个百分点，主要是因为覆膜增加了膜内土壤含水量，稀释了土壤中盐浓度，盐分积聚减少。

近年来，地膜覆盖技术不断更新完善，由半覆膜发展到全覆膜栽培，妥德宝等（2015）在河套灌区中重度盐碱地上的研究表明，全覆膜与不覆膜、传统半覆膜比较，向日葵出苗率分别提高了45.6%和17.7%，产量分别提高了183.3%和67.0%，主要是因为全覆膜较不覆膜土壤耕层的脱盐率提高43.8%～53.8%，较传统半覆膜的脱盐率提高 16.2%～20.3%。向日葵地膜二次利用免耕栽培技术应用面积也在逐年扩大，张文平（2014）研究表明，该技术节约了耕翻、地膜和化肥等成本，促进了农民种植的积极性，同时降低了白色污染，减少了耕作次数，改善了农业生产环境。

（三）地膜覆盖对向日葵产量的影响

向日葵具有较强的抗逆性，多种植在干旱瘠薄或者盐碱地等中低产田上，地膜的保墒和抑盐作用使向日葵产量大幅提高。与露地种植相比，旱地上覆膜种植一般可增产20%以上，盐碱地上增产可达50%以上。不同区域的研究结果表明，在内蒙古阴山北麓旱地上，覆膜种植向日葵产量平均为2842.3kg/hm^2，比露地种植增产29.78%

（赵沛义等，2012）。在新疆塔里木地区，覆膜向日葵的产量为4296.3kg/hm^2，比不覆膜的增产23.6%（王冀川等，2004）；在甘肃六盘山，与露地直播相比，物候期、农艺性状及产量以覆膜直播最好，产量为4270.27kg/hm^2，较对照早熟14d、增产39.8%（王永治等，2008）。

随着覆膜技术的发展，关于覆膜比例、覆膜时间、膜面处理等方面的研究也在不断发展。张晓龙等（2015）在甘肃比较了全覆膜和半覆膜的增产效果，发现全膜双垄沟播增产效果最好，平均产量可达4223.06kg/hm^2，比露地平播增产1223.36kg/hm^2，增产率为40.78%。杨培军等（2012）在明确了向日葵产量全膜大于半膜的基础上，进一步研究了不同时期覆膜的增产效果，结果表明，秋全膜比早春全膜、播前全膜分别增产10.0%和12.7%。马金虎等（2007）的研究表明秋季覆膜优于早春覆膜，同时发现不同的膜面处理相比，秋季膜面盖土比秋季膜面裸露产量增加10.3%，比播期膜面裸露增产37.8%。

覆膜减少了水分蒸发，改土壤盐分的垂直移动为水平移动，大幅减轻了盐碱危害，所以覆膜是目前盐碱地利用不可替代的重要措施。妥德宝等（2015）在耕层土壤全盐含量为3.5～6.0g/kg的中重度盐碱地进行地膜栽培试验表明，全覆膜和半覆膜处理向日葵产量分别比不覆膜提高了183.3%和69.6%，主要是因为覆膜大幅提高了土壤耕层脱盐率，从而提高了出苗率。另外，杜社妮等（2014）在河套灌区盐碱危害较严重的地块，研究了覆膜种植孔封闭方法对向日葵产量的影响，结果表明，沙封种植孔油葵的单位面积产量比土封种植孔提高了62.0%，主要是因为沙封种植孔可提高油葵的出苗率及幼苗存活率。

二、向日葵主产区地膜残留及影响因素

（一）向日葵农田地膜残留污染概况

向日葵采用地膜覆盖栽培的区域主要集中在内蒙古、新疆和甘肃三个地区，三个地区的总面积占全国向日葵地膜覆盖栽培面积的98.1%（中华人民共和国农业农村部，2015）。内蒙古向日葵地膜覆盖栽培农田地膜残留量在45.9～195.9kg/hm^2，均值为97.2kg/hm^2。内蒙古向日葵地膜覆盖栽培区域主要集中在巴彦淖尔市、兴安盟和赤峰市，其中巴彦淖尔市种植面积、总产和单产均居全区之首，是全国高产、稳产向日葵种植基地（张立华等，2007）。新疆向日葵地膜覆盖栽培区域主要集中在伊犁哈萨克自治州直属县（市）种植区、塔城地区、阿勒泰地区、博尔塔拉蒙古自治州种植区和昌吉回族自治州种植区（刘胜利等，2011），农田地膜残留量均值为82.8kg/hm^2（周明冬等，2015）。甘肃省向日葵地膜覆盖栽培区域主要集中在平凉、庆阳、陇南、天水及河西走廊地区（贾秀苹等，2011），地膜残留量均值为64.0kg/hm^2（马彦和杨虎德，2015）。

（二）地膜残留分布和影响因素

内蒙古巴彦淖尔市向日葵农田地膜残留量要显著高于兴安盟和赤峰市，地膜残留空间分布的主要特点表现为，总残膜量的59%～62%残留在0～10cm土层，30%～34%残留在10～20cm土层，小于10%残留在20～30cm；地膜残留时间分布的主要特点表现为，覆膜年限短的农田地膜残留量增长速度显著高于覆膜年限较长的农田（白云龙等，2015）。新疆向日葵地膜残留空间分布的主要特点表现为，20～30cm土层残留量高于或等于0～20cm土层残留量，其中0～20cm土层的平均残留量为34.4kg/hm^2，20～30cm土层的平均残留量为46.9kg/hm^2；地膜残留时间分布的主要特点表现为，地膜残留量随使用年限的增长而增加（周明冬等，2015；赵前程和秦晓辉，2011；牛瑞坤等，2016；董合干等，2013b）。甘肃地膜残留空间分布的主要特点表现为，地膜主要残留在0～20cm土层，其中0～10cm土层的平均残留量为22.1kg/hm^2，10～20cm土层的平均残留量为10.2kg/hm^2，20～30cm土层的平均残留量为1.2kg/hm^2（马彦和杨虎德，2015）；地膜残留时间分布的主要特点表现为，地膜残留量随使用年限的增长而增加（朱静，2015；裴海东等，2016；牟燕等，2014）。研究发现，耕地时使用农机的马力直接影响残膜分布的深度和均匀度，新疆生产建设兵团覆膜农田在20～30cm土层的残膜占25%～30%左右（马少辉和杨莹，2013），而其他地区的残膜则基本出现在0～20cm土层，20～30cm土层仅占10%左右（张丹等，2016；杨彦明等，2010）。

三、向日葵地膜残留污染防控

（一）向日葵地膜残留的发展趋势

根据向日葵生产对地膜覆盖的依赖程度，未来向日葵主产区的地膜残留污染将会随着地膜覆盖应用的变化而变化。在内蒙古、新疆和吉林向日葵主要种植区，由于地膜具有增温、保墒和减轻盐碱危害的作用，地膜慢慢成为向日葵生产中必备的生产资料，全国向日葵地膜覆盖面积比例近十几年来持续增加，2014年已经达到了44%。由于向日葵地膜覆盖面积近几年快速增加，但当地农民还没有地膜残留回收的意识，地膜回收的机具更是缺乏，地膜残留污染开始出现（图3-5）。因此，在目前向日葵主产区地膜覆盖面积增加、高密度种植模式应用、农村劳动力减少和地膜回收机具缺乏的现状下，内蒙古向日葵农田土壤中地膜残留量将会进一步提高，污染将越来越严重。

（二）向日葵主产区地膜残留污染的防控策略

由于地膜覆盖的大范围和长时间应用，地膜残留污染已经成为一个重要的环境问题，尤其在西北内陆、黄土高原和东北风沙区。大量地膜残留破坏了土壤结构，

图3-5　内蒙古地膜残留污染情况（彩图请扫封底二维码）

导致土壤通透性和土壤孔隙度逐渐下降，进而影响土壤中水肥运移，从而影响作物生长发育，降低农作物产量。由于我国地膜生产执行标准低、机械回收地膜难、降解地膜成本高及政策扶持不完善等，地膜污染治理难度较大，针对目前地膜污染治理难度大的原因，提出了向日葵农田地膜污染的防控策略。

1. 推广一膜多用技术

即选用厚度适中、韧性好、抗老化能力强的地膜产品，在第一年使用后基本没有破损，第二年可以直接在上面打孔免耕播种，这样既减少了地膜投入量，又减少了土壤耕作的用工，达到省时省工和环保的目的。贾利欣和融晓萍（2011）研究表明，与露地种植相比，地膜二次利用免耕栽培向日葵产量达4125kg/hm^2，比对照增产375～750kg/hm^2，同时每亩节约机耕、整地、播前浇水、种肥等费用70元，节本与增效合计170～270元/亩。闫雅非（2015）在河套地区进行旧膜上种植和旧膜间种植试验表明，旧膜能有效抑制土壤水分蒸发和显著提高向日葵的水分利用效率。史建国等（2012）将新旧地膜覆盖的增产效果进行比较，结果表明与新膜无显著差异，旧膜仍具有改善向日葵农艺形状和提高产量的作用。

2. 加强地膜回收途径研究，提高残膜的回收率

加强适期揭膜回收技术的研究，近些年来河北、新疆等地区发展了棉花头水前揭膜技术（米岁芳等，1998），山西发展了玉米拔节期揭膜技术（赵安民，2002），大幅度提高了地膜回收率，向日葵一般种植90d后已度过了低温期（赵沛义等，2012），可以开展揭膜处理。加快研制成熟的向日葵残膜回收机具。由于地膜应用范围的扩大，手工回收残膜变得越来越困难，机械回收残膜已经成为必然趋势。今后应重点攻关研制能够同时兼顾常规农事操作与残膜回收的农机具及其配套技术措施，在不增加作业成本和农民负担的前提下，实现地膜的高效回收，如目前新疆地区研制的清膜整地联合作业机、残膜回收与茎秆粉碎联合作业机等（严昌荣等，2015）。

3. 研发和推广适用的向日葵专用降解地膜

研制出可降解、无污染的地膜新材料才是根治残膜污染的理想途径（Anu et al.，2007）。赵沛义等（2012）在阴山北麓进行了向日葵地膜覆盖模拟试验，研究不同覆膜处理对土壤温度、水分和旱地向日葵生长发育的影响，结果表明，覆膜处理较露地处理地温平均提高了3℃，向日葵水分利用效率高于其他试验处理。但是我国降解地膜研究尚处于试验和探索阶段，存在着生产成本高、产品降解不完全或力学性能和耐水性较差等问题（邱威杨等，2002）。未来随着材料科学的发展，以及工艺水平的提高，研发以生物质为主要原料的生物降解地膜将会替代传统的聚乙烯地膜而成为解决“白色污染”问题的最终途径。

第五节　棉花地膜应用与残留污染防控

一、地膜覆盖技术对我国棉花生产的影响

（一）地膜覆盖与棉花种植区域的变化

棉花种植区域变化受到多种因素的影响，尤其是棉花品种、种植技术等。据中国农业科学院棉花研究所（2013）研究，20世纪八九十年代，西北内陆地区棉花播种面积只占全国棉花播种面积10%以下，将近90%的棉花播种面积集中在长江流域和黄河流域两大棉区；农业农村部信息中心统计数据也显示20世纪80年代，西北内陆棉区棉花播种面积占全国棉花播种面积3.7%，棉花主产区集中在长江流域的湖北、湖南、江西、安徽和江苏等地，以及黄河流域的河北、山东和河南等地，这两个区域的棉花播种面积占全国的86.7%（表3-3）。而2000年以后，西北内陆棉区主要是新疆棉区迅速扩大，新疆棉花播种面积在全国棉花播种面积的占比迅速增加到2001～2010年的26.9%和2011～2015年的39.7%，黄河流域棉区河北、山东和河南的播种面积从1981～1990年56.5%逐渐下降到2011～2015年的31.5%，长江流域棉区湖北、湖南、江西、安徽和江苏5地的播种面积也从1970～1981年44.4%下降到2011～2015年的25.1%。

表3-3　我国三大棉花主产区（主要地区）棉花播种面积和比例变化

年代	西北内陆棉区（新疆）		黄河流域棉区（冀鲁豫）		长江流域棉区（湘鄂赣苏皖）	
	面积（万hm^2）	比例（%）	面积（万hm^2）	比例（%）	面积（万hm^2）	比例（%）
1971～1980	15.5	3.7	181.7	42.3	180.0	44.4
1981～1990	31.2	6.1	293.1	56.5	156.8	30.2
1991～2000	80.0	15.7	224.2	44.1	159.7	31.4

续表

年代	西北内陆棉区（新疆）		黄河流域棉区（冀鲁豫）		长江流域棉区（湘鄂赣苏皖）	
	面积（万hm^2）	比例（%）	面积（万hm^2）	比例（%）	面积（万hm^2）	比例（%）
2001～2010	134.8	26.9	216.9	41.7	135.2	26.0
2011～2015	175.8	39.7	145.2	31.5	115.4	25.1

注：数据来自农业农村部信息中心统计资料，表中数据为10年平均值

在20世纪80年代后期，长江流域和黄河流域棉区的棉花病虫害越来越严重，棉花种植的比较效益逐渐降低，导致农民种植棉花的积极性下降（季希富，1993；朱启荣，2009；周才清和徐冰，2005）；同时与地膜覆盖在西北内陆尤其是新疆广泛应用有很大关系。在新疆，棉花播种期是影响棉花生长发育和产量的一个重要因素，若播种过早，土壤温度较低会阻碍种子发芽，导致出苗稀疏，出现病害，且易遭晚霜危害；若播种过晚，虽然棉苗出土迅速，但吐絮延迟，产量降低。而地膜覆盖恰好有效解决了西北内陆地区棉花生产中早期地温和积温不够的限制因素，加上新疆光照条件好、气候干燥和棉花种植时病虫害较少等有利因素，有力促进了西北内陆地区的棉花生产，推动了棉花种植区域北移，使得新疆棉花播种面积占全国棉花地膜使用量比例逐年上升（图3-6）。

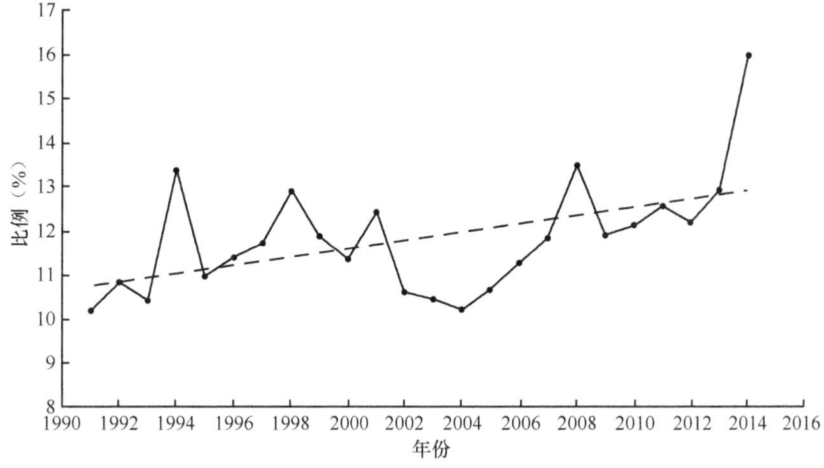

图3-6　新疆地膜使用量占全国地膜使用量的比例

研究地膜在棉花生产上应用的历史可以发现，辽河流域棉区和新疆地区最早开展棉花地膜覆盖栽培试验（辽阳棉麻研究所，1981），1980年全国棉花地膜覆盖面积为0.4万hm^2，1982年棉花覆膜面积达到5.3万hm^2（陈奇恩，1983），1985年更是达到83.3万hm^2（卢平，1985）。由此发现，地膜覆盖极大地促进了棉花产业发展，

尤其是在北方旱区和盐碱地区。1992年棉花地膜覆盖面积达到了140万hm^2，占全国农作物地膜覆盖面积的29.6%（中国农业科学院棉花研究所，2013）。20世纪90年代后期及21 世纪，黄河流域棉区研发出育苗移栽技术，具有显著的经济和社会效益。在西北内陆棉区，棉花膜下滴灌新技术应用大幅度提高了棉花单产，改善了棉花质量。2015年，全国植棉面积379.9万hm^2，其中新疆190.5万hm^2，基本100%的种植面积进行了地膜覆盖，黄河和长江流域棉区植棉面积189.5万hm^2，大约有70%进行了地膜覆盖，达132.6万hm^2。比较西北内陆棉区新疆和黄河流域棉区河北、山东和河南的地膜使用强度发现，1986年以来，西北内陆棉区的地膜使用强度增长速率远远高于后者，也说明了西北内陆棉区棉花种植对地膜覆盖技术的高度依赖（严昌荣等，2015）（表3-4）。

表3-4　二大棉花主产区重点区域地膜使用强度[kg/（hm^2·a）]

区域	地区	1991	2001	2011
西北内陆棉区	新疆	7.05	23.25	34.80
黄河流域棉区	河北	1.05	5.25	10.05
	山东	3.45	13.65	18.45
	河南	1.05	5.25	8.70
平均值		1.85	8.05	12.40

（二）地膜覆盖对棉花单产水平的影响

与棉花种植的区域分布和种植面积一样，棉花单产也受到种植区域的农业生产条件、棉花品种和植棉技术等多种要素的综合影响。表3-5的数据显示，自20世纪70年代以来，我国棉花单产水平一直处于稳定的增长状态，分别从20世纪70年代的386.3kg/hm^2、80年代的751.5kg/hm^2、90年代988.5kg/hm^2，增加到2011～2015年的近1500kg/hm^2（目前新疆棉区单产为2250kg/hm^2）。棉花单产水平逐渐提升的影响因素很多，尤其是品种和植棉技术等，其中植棉技术中地膜覆盖对我国棉花单产水平提升具有重要作用。1985年以前，西北内陆棉区的棉花单产只有黄河流域棉区的81.5%，长江流域棉区的83.7%；而1986～1995年，西北内陆棉区的棉花单产分别增加为黄河流域棉区和长江流域棉区的151.2%和116.6%；1996年以后，西北内陆棉区棉花单产水平与后二者的差异进一步拉大，分别为其157.8%和128.0%（严昌荣等，2015）。分析棉花生产发展过程可以发现，三大主要棉区在棉花品种、施肥技术等方面基本处于同步发展，而西北内陆棉区的最大特点是1986年后开始规模化应用地膜覆盖栽培技术，尤其从2000年开始，膜下滴灌技术在棉花生产开始了规模化应用，棉花单产快速上升，并大幅度超过其他棉区的棉花单产。

表3-5　三大棉花主产区棉花皮棉单产变化情况（kg/hm^2）

棉区名称	1971～1975	1976～1980	1981～1985	1986～1990	1991～1995	1996～2010	2011～2015
西北内陆	313.5	321.0	598.5	846.0	1168.5	1335.0	1936.5
黄河流域	390.0	400.5	712.5	747.0	618.0	850.5	1221.0
长江流域	457.5	435.0	759.0	847.5	928.5	1032.0	1261.5
平均单产	387.0	385.5	690.0	813.0	904.5	1072.5	1473.0

注：数据通过对国家统计局多年统计年鉴数据整理获得

为了研究地膜覆盖对棉花单产和水分利用效率的影响，收集了近20年来西北内陆棉区和黄河流域棉区的相关文献，其中西北内陆棉区地膜覆盖对棉花单产影响的数据有45对，黄河流域棉区113对；西北内陆棉区有4对数据涉及地膜覆盖影响棉花水分利用效率，黄河流域棉区有24对。通过数据的统计分析发现，地膜覆盖对棉花单产影响巨大，增产幅度都超过20%，在西北内陆和黄河流域棉区应用使棉花单产分别提高了32.0%和22.9%，水分利用效率分别提高了78.5%和29.7%。这一方面说明地膜覆盖对棉花单产和水分利用效率影响极大，另一方面表明地膜覆盖对棉花单产和水分利用效率的影响存在区域差异，在西北内陆降水稀缺和前期低温的区域，地膜覆盖的作用更大。但总体而言，已有文献数据充分反映和说明了地膜覆盖栽培对棉花单产水平贡献巨大（图3-7）。

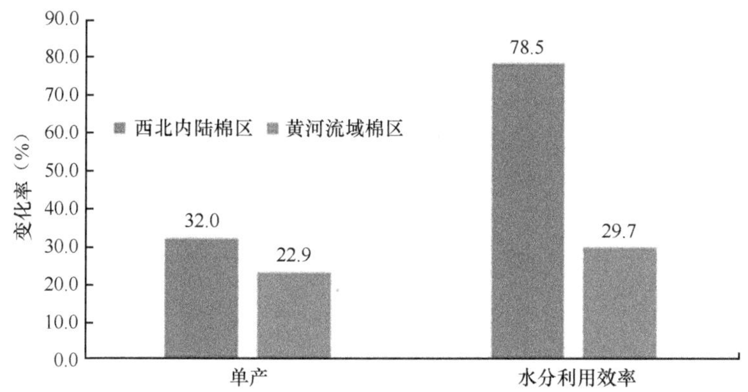

图3-7　地膜覆盖对不同棉区棉花单产和水分利用效率的影响（彩图请扫封底二维码）

增产率：西北n=45，黄河n=113；水分利用效率：西北n=4，黄河n=24

（三）地膜覆盖对我国棉花生产的贡献

从1995～2014年全国和三大主要棉区棉花产量变化可以看出（图3-8），我国棉花总产量一直处于波动之中，1995～2008年呈现增加趋势，2008～2014年略有减少并趋于稳定。全国棉花总产量变化的影响因素众多，主要有棉花品种、种植技术、播种面积和种植区域发生变化等。从黄河流域棉区和长江流域棉区棉花产量的线性趋势可以看出，两大棉区棉花产量在1995～2014年总体平稳，分析这两个棉花产区棉花生产情况的变化可以发现，一方面，黄河流域棉区从1981～1990年播种面积占全国比例的56.5% 逐渐下降到2008～2014年的31.5%，长江流域棉区从1970～1981年播种面积占比为44.4%下降到25.1%；另一方面，棉花新品种和种植技术的突破，尤其是育苗移栽与地膜覆盖的结合，极大提高了这两个棉区棉花单产水平，从而实现区域棉花总产的基本稳定。过去几十年来，西北内陆棉区的棉花产量则持续提高，棉花总产量从1995年的99.4万t提高到2014年的367.7万t，占全国棉花总产量的59%。这是该区域棉花种植面积扩大和单产水平提高的结果，而地膜覆盖技术应用则是该区棉花生产产生巨变的关键，重点是解决了该区域棉花播种期地温低和前期积温不够的问题，有效改善了棉花生产条件。总体来说，棉花地膜覆盖种植面积从20世纪80年代不到全国棉花总面积的10%上升到2010年的31.8%，每年棉花产量增加150万～200万t，贡献相当于全国棉花产量的20%～30%，这充分说明了地膜覆盖在棉花生产中起到了至关重要的作用，为解决中国人穿衣问题做出了卓越贡献。

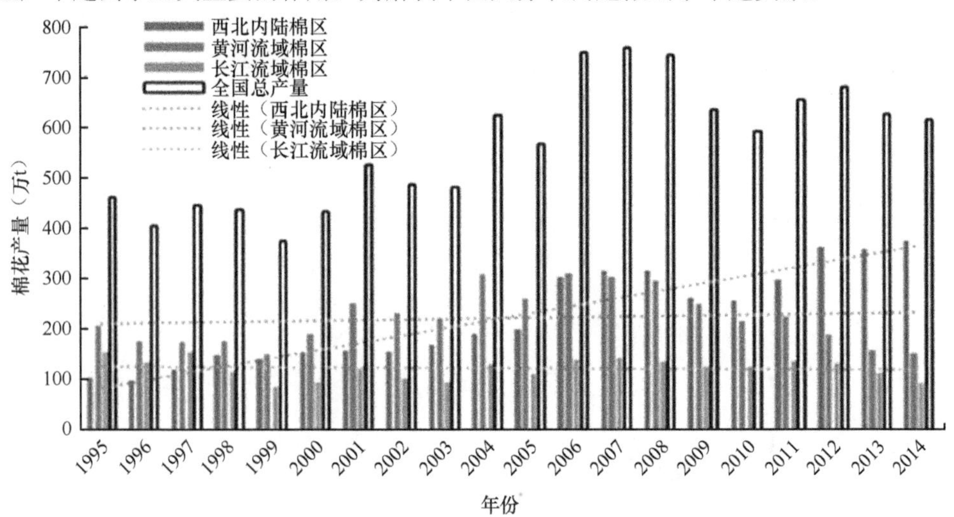

图3-8　1995～2014年全国和三大棉区棉花产量（彩图请扫封底二维码）

二、我国主要棉区土壤地膜残留污染的特点

在自然、社会等多重因素的作用下，我国形成了三大棉花主产区，即西北内陆棉区、黄淮流域棉区和长江流域棉区。新疆棉区日照充足，前期低温，干旱少雨，属灌溉棉区，膜下滴灌是该区域棉花种植的关键技术。经过近30年连续的地膜覆盖应用，地膜残留已经成为该区域一个重大的农业环境污染问题。黄淮流域棉区日照充足，光热资源适中，但也存在前期地温低、墒情差和杂草等问题，因此，在棉花种植时进行地膜覆盖也较为普遍。由于该区域人均耕地面积有限，农民进行地膜回

收做得相对较好，存在一定程度的地膜残留污染，但与新疆棉区相比，残留污染相对较轻。长江流域棉区光热资源丰富，以移栽棉为主，地膜覆盖在该区域棉花种植上仅零星应用，基本不存在地膜残留污染问题。

（一）西北内陆棉区（新疆）地膜残留污染的特点

通过对严昌荣等（2008）、何文清等（2009）和王旭峰等（2012）在新疆不同区域的地膜残留调查结果进行综合分析，可以发现该区域棉田地膜残留量很大，长期覆膜棉田地膜残留量在42～540kg/hm^2，平均残留量在200kg/hm^{2}以上。调查结果也显示，棉田中地膜残留呈斑块状分布，具有小区域和田块水平存在差异的特点。南疆地区棉田的地膜残留要比北疆棉田的低，新疆生产建设兵团南疆团场18个点的调查结果显示，棉田地膜残留量为184.5kg/hm^2（范围在41.9～414.8kg/hm^2），而北疆团场64个点的地膜残留量平均为282.4kg/hm^2（范围在123.2～655kg/hm^2）。

北疆连续20年覆膜单作棉花、棉花-西红柿轮作和连续10年覆膜单作棉花农田土壤的地膜残留量平均分别为307.9kg/hm^2±35.84kg/hm^2、334.4kg/hm^2±47.88kg/hm^{2}和259.7kg/hm^2±36.78kg/hm^2。这说明不同种植模式与覆膜年限对地膜残留量影响很大，覆膜年限越长，土壤中地膜残留量越高。调查结果还显示，棉田土壤中残留地膜基本上分布在耕作层，且主要集中在0～20cm表层土壤，原因是耕翻等导致残膜向深层土壤转移。棉田土壤中地膜都呈现为不同形状和大小的碎片，数量在1000万～2000万片/hm^2。残膜片面积大小差异很大，从1cm^{2}到2500cm^{2}不等。棉田土壤中单块残膜面积＞25cm^{2}的片数比例在16%～25%，4～25cm^{2}的片数比例在44%～54%，＜4cm^{2}的片数比例在21%～40%。在棉田耕层土壤中，面积较小的残留地膜一般呈片状，而大块残膜一般以棒状、球状和圆筒状等不规则形态存在（严昌荣等，2008）。

（二）黄河流域棉区地膜残留污染的特点

黄河流域棉田地膜残留的调查结果显示，残膜量与覆膜年限有关，覆膜2年、5年和10年的农田地膜残留量分别为59.1kg/hm^2、75.3kg/hm^{2}和103.4kg/hm^2，连续覆膜5年和10年的棉田残膜量分别比覆膜2年的棉田增加了27.4%和75.0%，覆膜年限越长，土壤中残膜量越高。不同覆膜年限棉田中残膜在土壤各层中的分布比较一致，大部分残膜分布在0～20cm表层土壤中，20cm以下的土壤中残膜较少。随着土层加深，地膜残留量越来越少，且随着覆膜年限增加同一土层中的残膜量也相应增加（严昌荣等，2015）。调查结果显示，棉田土壤中残膜的片数同残膜量密切相关，0～10cm土层中残膜片数一般占总量58.5%～76.4%，10～20cm土层中占22.3%～35.1%，20～30cm土层中只占很小比例，在1.3%～6.4%（严昌荣等，2008）。随着覆膜年限增加，残膜总数增加，各层土壤中残膜数也不同程度地增加。与新疆棉田地膜残留情况相似，覆膜年限长，深层土壤中地膜残留量相对较大。棉田土壤中残膜数量随覆膜年限增加而增多，且大部分残膜为小块膜，三种残膜片（＜4cm^2、4～25cm^2、＞25cm^2）的数量比例约为7∶2∶1（马辉等，2008）。

三、棉花地膜覆盖应用与残留污染的发展趋势

（一）棉花地膜覆盖种植应用的预测

根据不同区域棉花生产特点，地膜覆盖主要功能、应用规模化程度等，我国三大棉区棉花地膜覆盖种植将会进一步分化。在西北内陆棉区尤其是新疆，棉花种植面积在不断增加，由20世纪80年代占全国棉花播种面积的3.7%增长到2001～2010年的26.9%和2011～2015年的39.7%，加之棉花生产对地膜的依赖性极大，形成了没有地膜就没有棉花的局面。虽然该区域棉花地膜覆盖面积会基本维持现有水平，但由于地膜厚度增加，单位面积使用量增加（增加20%左右），棉花生产中的地膜使用量将会在短期内快速增加。在黄河流域棉区，随着棉花新品种培育，育苗移栽、施肥和杂草防除技术的不断完善，地膜覆盖对棉花生产的影响程度下降，同时棉花种植区域西移，使黄河流域棉花种植面积从1981～1990年的293.1万hm^{2}下降到2011～2015年的145.2万hm^2，并存在进一步缩小的态势，因此，该区域覆膜棉花种植面积及地膜使用量都呈逐渐减少的趋势。

（二）棉田地膜残留的特点及发展趋势

由于普通PE地膜具有不易分解的特性，长期使用地膜的棉田土壤中必然会产生残膜聚集。大量残膜在棉田土壤中的累积会带来一系列的危害，主要是破坏土壤结构，阻碍土壤中水肥运移，降低水肥利用效率；降低土壤通透性，影响土壤微生物活性和土壤肥力水平；还可能导致地下水下渗困难，造成土壤次生盐碱化等，影响棉花正常生长和发育，导致棉花产量和品质降低（Liu et al.，2014；Yan et al.，2014；王瑟和张国圣，2014）。

根据不同区域棉花生产对地膜覆盖的依赖程度，未来不同棉花主产区的地膜残留污染状况将会随着地膜覆盖应用的变化而分化。在西北内陆棉区尤其是新疆，随着棉花生产对地膜覆盖的依赖性加大，地膜已经成为棉花生产中必备的生产资料。覆盖方式也从最早的半膜覆盖逐渐发展到目前的全覆盖，棉田中地膜覆盖比例已经超过85%，导致地膜使用量保持一种稳定上升态势。随着地膜覆盖与滴灌结合形成的膜下滴灌技术大范围应用，南疆地膜棉花生产中过去广泛应用的头水揭膜措施由于劳动力缺乏和保墒需要被弃用。因此，在目前地膜覆盖面积增加、高密度种植模式应用、农村劳动力减少和地膜回收机具缺乏的现状下，该区域棉田土壤中地膜残留量将会进一步提高，污染将越来越严重。

地膜覆盖也是黄河流域棉区进行棉花种植的一个重要技术，但相对而言，其地膜的应用范围和投入强度远低于西北内陆棉区。该区域棉花生产中单位面积

地膜使用量一般只有西北内陆棉区的50%左右（西北内陆棉区地膜理论使用量为78.0kg/hm^2，黄河流域棉区地膜理论使用量为39.0kg/hm^2），且基本上属于短时期覆盖，在6月中下旬进行破膜（揭膜）培土，这极有利于在地膜强度较高、完整时进行回收，能够有效地提高地膜回收率，减少地膜在棉田中残留。同时，随着棉花新品种抗逆性和丰产性不断提高，种植过程中施肥技术、杂草防除技术的不断完善，该区域棉花生产对地膜覆盖的依赖程度较过去有很大程度减弱，种植面积也从1981～1990年的293.1万hm^{2}下降到2011～2015年的145.2万hm^2，下降幅度到达了50.5%，可以预见，在未来随着农业生产结构调整，棉花播种面积和比例有可能进一步下降，与前面预测全国棉花地膜覆盖面积增加相反的是黄河棉区地膜使用量进一步减少，因此，黄河流域棉区棉田土壤中地膜残留污染将出现减缓的趋势。

四、棉田地膜残留污染防控策略

棉田地膜残留污染防控是全国地膜残留污染防控的一个重要组成部分，从宏观上看，开展地膜残留污染防控的总体思路是，在加强基础研究的前提下，采用源头控制，主要是利用新型降解地膜取代PE地膜，减少地膜使用量，同时采用高效回收机械进行回收，实现地膜残留污染的有效防控。

（一）加强政策和标准规范制定，保障地膜合理利用和回收

地膜质量是影响地膜回收率的重要因素。大多数国家地膜厚度为0.012mm以上，如欧洲地膜厚度一般在0.020～0.030mm，日本为0.015mm，由于地膜厚、抗拉强度好，使用后地膜仍比较完整，机械回收后农田土壤中几乎不存在地膜残留。目前我国地膜标准对强度和厚度要求偏低，应尽快修订完善相关标准，在修订标准时要综合考虑资源成本，提高拉伸负荷、耐老化性能，使地膜具有强度高、耐老化和易回收的特点，为地膜回收创造有利条件。通过政策措施，实行地膜专营，推动建立以旧换新和政府直接回购旧地膜的回收体系，确定地膜生产者、销售者和使用者在地膜回收中的地位与作用，按照销售渠道反向操作，进行地膜回收，建立和形成政府引导、市场主导的地膜回收体系。

（二）加强地膜应用适宜性研究，促进棉花地膜覆盖的合理利用

因地制宜、依据不同作物推广地膜覆盖种植技术，尽量减少地膜的使用量。推广一膜多用、延期利用技术，在不影响作物生长的前提下，适当减少地膜覆盖度。结合农业生产实际，推广膜侧种植、半膜覆盖等地膜用量少、增产效果好的技术模式，达到少用地膜和少污染的目的。加强适期揭膜回收技术研究和推广，根据作物种类和区域环境条件，研究确定最合理的揭膜时间和揭膜方式，提高地膜回收率。加快残膜回收机具研发，重点研发能够同时兼顾农事作业和地膜回收的机具，在相对低作业成本的前提下实现地膜的高效回收（严昌荣等，2006）。

（三）加强西北内陆棉区地膜回收机械研制，提高回收机械化水平

与黄河流域棉区相比，西北内陆棉区的种植密度大，一般在20万株/hm^2以上，地膜使用量大，且属于全生育期覆膜。常规回收机具在对新疆棉花地膜回收时存在很多限制因素，尤其是高密度、强度大的棉花立秆使得回收作业十分困难，加之该区域棉花收获后能够进行回收作业的时间相对有限，一般为一个月（温度降低，土壤冰冻，无法作业）。加强与这种棉花种植模式相适应的回收机具研发刻不容缓，尤其是与其他农事作业，如整地、秸秆回收等相结合的作业机具具有很好的前景。同时，要关注回收获得的残膜和秸秆混合物的再利用，建立起相对经济、生态的残膜回收技术体系及循环利用模式。

（四）加强生物降解地膜产品研发示范，促进规模化应用

生物降解地膜替代普通PE地膜是解决农田地膜残留污染的一个重要举措，也是国内外研究的一个热点（翁云宣，2016），用于生产生物降解地膜的材料主要有聚羟基烷酸酯类（PHA）、聚羟基丁酸戊酸共聚酯（PHBV）、聚丁二酸丁二醇酯（PBS）及其共聚物、聚乳酸（PLA）、聚乙烯醇（PVA）和二氧化碳共聚物等。2010年以来，国外生物降解材料和产品研发企业与中国有关科研机构在新疆、河北棉花生产上开展了评价试验，结果显示，生物降解地膜无法满足新疆棉花生产上提高前期地温的要求，同时在降解可控性、成本等方面需要有进一步的突破（翁云宣，2016）。因此，首先应该加强降解树脂降解可控性研究、生物降解地膜产品配方的研究，缩小生物降解地膜与普通PE地膜在增温保墒功能方面的差异；其次应通过技术改造和规模化生产，实现原材料和地膜产品的成本大幅度下降，提高其市场竞争能力，促进其规模化应用。

参考文献

白云龙, 李晓龙, 张胜, 等. 2015. 内蒙古地膜残留污染现状及残膜回收利用对策研究. 中国土壤与肥料, 6: 139-145.

陈奇恩. 1983. 全国棉花塑膜覆盖栽培技术的考察. 新疆农垦科技, 5: 18-23.

陈松哲, 于九皋. 2001. LDPE/有机金属降解剂/配合剂体系降解性的研究. 高分子材料科学与工程, 17(5): 140-143.

程卫东. 2015. 北疆棉田地膜残留现状与回收治理方案浅析. 新疆农垦科技, 12: 64-65.

代军, 晏华, 郭骏骏, 等. 2017a. 结晶度对聚乙烯热氧老化特性的影响. 材料研究学报, 31(1): 41-48.

代军, 晏华, 郭骏骏, 等. 2017b. 密度对聚乙烯光氧老化特性的影响研究. 高分子通报, (2): 46-55.

董合干, 刘彤, 李勇冠, 等. 2013a. 新疆棉田地膜残留对棉花产量及土壤理化性质的影响. 农业工程学报, 29(8): 91-99.

董合干, 王栋, 王迎涛, 等. 2013b. 新疆石河子地区棉田地膜残留的时空分布特征干旱区. 资源与环境, 9: 182-186.

杜社妮, 白岗栓, 于健, 等. 2014. 沙封覆膜种植孔促进盐碱地油葵生长. 农业工程学报, 5: 82-90.

樊润威, 崔志祥, 张三粉, 等. 1996. 内蒙古河套灌区盐碱土覆膜对土壤生态环境及作物生长的影响. 土壤肥料, 3: 10-12.

郭彦芬, 李生勇, 霍轶珍. 2016. 不同残膜量对春玉米生产性状及土壤水分的影响. 节水灌溉, 4: 47-49.

郭战玲, 张薪, 寇长林, 等. 2016. 河南省典型覆膜作物地膜残留状况及其影响因素研究. 河南农业科学, 45(12): 58-61, 71.

韩作黎. 2013. 新华词典(第四版). 北京: 商务印书馆.
何文清, 严昌荣, 赵彩霞, 等. 2009. 我国地膜应用污染现状及其防治途径研究. 农业环境科学学报, 28(3): 553-538.
胡国文, 周智敏, 张凯, 等. 2014. 高分子化学与物理学教程. 北京: 科学出版社.
季希富. 1993. 简析棉花生产的比较效益及稳棉措施. 农业技术经济, 5: 51-52.
贾利欣, 融晓萍. 2011. 地膜二次利用免耕栽培向日葵. 农业科技通讯, 3: 186-187.
贾秀苹, 陈炳东, 卯旭辉, 等. 2011. 甘肃省向日葵产业化发展的思考. 农业科技通讯, 3: 7-10.
靳伟, 张学军, 鄢金山, 等. 2017. 新疆棉田残膜残留量及相关特性的测定试验研究. 安徽农业科学, 43(2): 238-239, 269.
李杰, 何文清, 朱晓禧. 2014. 地膜应用与污染防治. 北京: 中国农业科学技术出版社.
李仙岳, 史海滨, 吕烨, 等. 2013. 土壤中不同残膜量对滴灌入渗的影响及不确定性分析. 农业水土工程, 29(8): 84-90.
李洋, 计崇荣, 王黛莹, 等. 2016. 铜川耀州区残留地膜对农田土壤中放线菌的影响. 能源与环境, 5: 49-50.
李元桥, 何文清, 严昌荣, 等. 2015. 点源供水条件下残膜对土壤水分运移的影响. 农业工程学报, 31(6): 145-149.
李月梅. 2015. 青海省农田地膜残留状况调查与分析. 黑龙江农业科学, 9: 51-54.
辽阳棉麻研究所. 1981. 棉花地膜覆盖栽培的几个技术问题. 新农业, 21: 6.
刘海. 2017. 地膜残留量对玉米及土壤理化性质的影响. 甘肃农业科技, 2: 53-56.
刘胜利, 陈寅初, 李万云, 等. 2011. 新疆向日葵科研概况及发展建议. 新疆农垦科技, 4: 3-6.
卢平. 1985. 全国棉花地膜覆盖栽培技术推广概况. 中国棉花, 2: 2-5.
马辉, 梅旭荣, 严昌荣, 等. 2008. 华北典型农区棉田土壤中地膜残留特点研究. 农业环境科学学报, 27(2): 570-573.
马金虎, 杨发, 田恩平, 等. 2007. 秋季覆膜技术在向日葵上的应用效果试验初报. 宁夏农林科技, 5: 84-85.
马少辉, 杨莹. 2013. 新疆兵团农田残膜污染现状调查与治理技术分析. 安徽农业科学, 35: 13678-13681.
马彦, 杨虎德. 2015. 甘肃省农田地膜污染及防控措施调查. 生态与农村环境学报, 4: 478-483.
毛树春. 2005-2014. 中国棉花生产景气报告. 北京: 中国农业出版社.
米岁芳, 王萍, 张惠文. 1998. 棉花地膜残留及其对策的实验研究. 新疆环境保护, 20(1): 27-29.
牟燕, 王联国, 王克鹏, 等. 2014. 甘肃省典型旱作区残留地膜时空分布特点研究. 甘肃农业科技, 7: 13-15.
牛瑞坤, 王旭峰, 胡灿, 等. 2016. 新疆阿克苏地区棉田残膜污染现状分析. 新疆农业科学, 2: 283-288.
欧阳平凯, 姜岷, 李振江, 等. 2012. 生物基高分子材料. 北京: 化学工业出版社.
潘祖仁. 2015. 高分子化学. 北京: 化学工业出版社.
裴海东, 贺生兵, 范彦鹏. 2016. 敦煌市废旧地膜回收利用现状及对策探析. 甘肃农业, 8: 18-20.
邱威杨, 丘贤华, 王飞镝. 2002. 淀粉塑料. 北京: 化学工业出版社: 24.
史建国, 刘景辉, 闫雅非, 等. 2012. 旧膜再利用对土壤温度及向日葵生育进程和产量的影响. 作物杂志, 1: 130-134.
汤秋香, 何文清, 王亮, 等. 2016. 地膜覆盖应用及残留污染防控概述. 新疆农机化, 5: 5-7.
唐文雪, 马忠明, 魏焘. 2017. 多年采用不同捡拾方式对地膜残留系数及玉米产量的影响. 农业资源与环境学报, 34(2): 102-107.
妥德宝, 李焕春, 安昊, 等. 2015. 覆膜栽培对盐碱地向日葵产量及土壤盐分影响的研究. 宁夏农林科技, 7: 63-64, 66.
王冀川, 万素梅, 张爱华. 2004. 地膜油葵的生长规律与密度效应的研究. 西北农业学报, 2: 149-152, 157.
王亮, 林涛, 田立文, 等. 2017. 残膜对棉田耗水特性及干物质积累与分配的影响. 农业环境科学学报, 36(3): 547-556.
王瑟, 张国圣. 2014. “白色污染”难题何解? 光明日报. [2014-3-7].
王廷生, 陈广德, 李艳. 2010. 甘南县向日葵生产现状及对策. 黑龙江农业科学, 7: 169-170.
王旭峰, 马少辉, 王伟, 等. 2012. 风沙作用下塑料地膜破损现状分析及防治措施探索. 农机化研究, 11: 245-252.
王永治, 贾爱英, 王学忠. 2008. 食用向日葵不同栽培方式对比试验初报. 甘肃农业科技, 2: 18-19.
翁云宣. 2016. 生物基材料专刊序言. 生物工程学报, 32(6): 711-714.
乌甫尔江・托乎提, 艾海提・牙生, 巴雅尔. 2000. 论地膜污染与防治对策. 新疆环境保护, 22(3): 176-178.
夏勇, 黄昌猛, 吕海霞, 等. 2017. 聚乙烯的结构、性能与应用. 橡塑技术与装备(塑料), 43: 42-45.
谢慧君, 石义静, 滕少香, 等. 2009. 邻苯二甲酸酯对土壤微生物群落多样性的影响. 环境科学, 30(5): 1286-1291.
解红娥, 李永山, 杨淑巧, 等. 2007. 农田残膜对土壤环境及作物生长发育的影响研究. 农业环境科学学报, 26: 153-156.
闫雅非. 2015. 地膜再利用免耕栽培向日葵的增产效应研究. 呼和浩特: 内蒙古农业大学硕士学位论文.
严昌荣, 何文清, 刘爽, 等. 2015. 中国地膜覆盖及残留污染防控. 北京: 科学出版社: 279.

严昌荣, 刘恩科, 舒帆, 等. 2014. 我国地膜覆盖和残留污染特点与防控技术. 农业资源与环境学报, 31(2): 95-102.
严昌荣, 梅旭荣, 何文清, 等. 2006. 农用地膜残留污染的现状与防治. 农业工程学报, 22(11): 269-272.
严昌荣, 王序俭, 何文清, 等. 2008. 新疆石河子地区棉田土壤中地膜残留研究. 生态学报, 28(7): 3470-3474.
杨培军, 余秀珍, 张树海, 等. 2012. 旱地食用向日葵双垄覆盖集雨沟播技术效益试验初报. 耕作与栽培, 1: 17-18.
杨彦明, 傅建伟, 庞彰, 等. 2010. 内蒙古农田地膜残留现状分析. 内蒙古农业科技, 1: 10-12.
于红军, 赵英. 2002. 农用塑料制品与加工. 北京: 科学技术文献出版社.
张丹, 胡万里, 刘宏斌, 等. 2016. 华北地区地膜残留及典型覆膜作物残膜系数. 农业工程学报, 32(3): 1-5.
张立华, 赵益平, 张颖力, 等. 2007. 内蒙古向日葵生产现状及发展对策. 内蒙古农业科技, 5: 82-84, 89.
张文平. 2014. 巴彦淖尔市向日葵产业发展情况浅析. 内蒙古农业科技, 5: 118-119.
张晓龙, 李天祥, 孙义, 等. 2015. 覆膜方式对食用向日葵的影响. 甘肃农业科技, 8: 17-19.
赵安民. 2002. 论农田的“白色污染”与防控途径. 山西农业大学学报(自然科学版), 22(2): 178-183.
赵沛义, 康暄, 妥德宝, 等. 2012. 降解地膜覆盖对土壤环境和旱地向日葵生长发育的影响. 中国农学通报, 28(6): 84-89.
赵前程, 秦晓辉. 2011. 农田地膜污染现状分析及防治对策. 新疆农业科技, 4: 15.
中国大百科全书环境科学编辑委员会. 1983. 环境科学. 北京: 中国大百科全书出版社.
中国农业科学院棉花研究所. 2013. 中国棉花栽培学. 上海: 上海科学技术出版社.
中华人民共和国农业农村部. 2015. 中国农村统计年鉴. 北京: 中国统计出版社.
周才清, 徐冰. 2005. 试论我国棉花生产的波动性及其原因. 中国棉花, 32(1): 2-5.
周瑾伟. 2017. 地膜残留对马铃薯产量和土壤理化性质的影响. 农艺农技, 4: 89-91.
周明冬, 胡万里, 耿运江, 等. 2015. 新疆农田地膜残留的影响因素分析. 安徽农业科学, 43(27): 189-191.
周伟, 王宏, 李志峰, 等. 2010. 大力推广地膜覆盖栽培技术, 促进内蒙古粮食生产发展. 内蒙古农业科技, 1: 13-15.
朱静. 2015. 定西市陇川乡玉米地地膜残留调查与评价. 安徽农业科学, 20: 98-128.
朱启荣. 2009. 中国棉花主产区生产布局分析. 中国农村经济, 4: 31-38.
祖米来提・吐尔干, 林涛, 王亮, 等. 2017.地膜残留对连作棉田土壤氮素、根系形态及产量形成的影响. 棉花学报, 29(4): 374-384.
Albertsson A C, Hakkarainen M. 2017. Designed to degrade. Science, 358(6365): 872-873.
Albertsson A C, Karlsson S. 1988. The three stages in degradation of polymers-polyethylene as a model substance. Journal of Applied Polymer Science, 35(5): 1289-1302.
Albertsson A, Karlsson S. 1990. The influence of biotic and abiotic environments on the degradation of polyethylene. Progress in Polymer Science, 15(2): 177-192.
Albertsson A C, Erlandsson B, Hakkarainen M, et al. 1998. Molecular weight changes and polymeric matrix changes correlated with the formation of degradation products in biodegraded polyethylene. Journal of Environmental Polymer Degradation, 6(4): 187-195.
Alimi O S, Farner Budarz J, Hernandez L M, et al. 2018. Microplastics and nanoplastics in aquatic environments: aggregation, deposition, and enhanced contaminant transport. Environmental Science & Technology, 52: 1704-1724.
Ammala A, Bateman S, Dean K, et al. 2011. An overview of degradable and biodegradable polyolefins. Progress in Polymer Science, 36(8): 1015-1049.
Andrady A L. 2011. Microplastics in the marine environment. Marine Pollution Bulletin, 62: 1596-1605.
Andrés Rodríguez-Seijo R P. 2018. Microplastics in agricultural soils are they a real environmental hazard. Bioremediation of Agricultural Soils, 16:45-60.
Anu K, Evclia S, Giuliano V, et al. 2007.Performance and environmental impact of biodegradable film in agriculture; a field study on protected cultivation. Journal of Polymers and the Environment, DOI 10. 2007/s 10924-002-0091-x.
Awasthi S, Srivastava N, Singh T, et al. 2017. Biodegradation of thermally treated low density polyethylene by fungus *Rhizopus oryzae* NS 5. 3 Biotech, 7: 73.
Balasubramanian V, Natarajan K, Hemambika B, et al. 2010. High-density polyethylene (HDPE)-degrading potential bacteria from marine ecosystem of Gulf of Mannar, India. Letter in Applied Microbiology, 51: 205-211.

Barnes D K, Galgani F, Thompson R C, et al. 2009. Accumulation and fragmentation of plastic debris in global environments. Philosophical Transactions of the Royal Society of London. Series B, Biological Sciences, 364: 1985-1998.

Bergmann M, Wirzberger V, Krumpen T, et al. 2017. High quantities of microplastic in arctic deep-sea sediments from the HAUSGARTEN observatory. Environmental Science & Technology, 51: 11000-11010.

Blasing M, Amelung W. 2018. Plastics in soil: analytical methods and possible sources. Science of the Total Environment, 612: 422-435.

Bonhomme S, Cuer A, Delort A, et al. 2003. Environmental biodegradation of polyethylene. Polymer Degradation and Stability, 81: 441-452.

Briassoulis D, Babou E, Hiskakis M, et al. 2015. Degradation in soil behavior of artificially aged polyethylene films with pro-oxidants. Journal of Applied Polymer Science, 132(30): 42289.

Brodhagen M, Peyron M, Miles C, et al. 2015. Biodegradable plastic agricultural mulches and key features of microbial degradation. Applied Microbiology and Biotechnology, 99: 1039-1056.

Cao D, Wang X, Luo X, et al. 2017. Effects of polystyrene microplastics on the fitness of earthworms in an agricultural soil. IOP Conference Series: Earth and Environmental Science, 61: 012148.

Carr S A, Liu J, Tesoro A G. 2016. Transport and fate of microplastic particles in wastewater treatment plants. Water Research, 91: 174-182.

Chae Y, An Y J. 2018. Current research trends on plastic pollution and ecological impacts on the soil ecosystem: a review. Environmental Pollution, 240: 387-395.

Chatterjee S, Roy B, Roy D, et al. 2010. Enzyme-mediated biodegradation of heat treated commercial polyethylene by *Staphylococcal* species. Polymer Degradation and Stability, 95(2): 195-200.

Chen H, Zhuang R, Yao J, et al. 2013. A comparative study on the impact of phthalate esters on soil microbial activity. Bulletin of Environmental Contamination and Toxicology, 91: 217-223.

Chen Q, Wang B, Chen H. 2004. Effects of di (2-ethylhexyl) phthalate (DEHP) on microorganisms and animals in soil. Journal of Agricultural and Environmental Sciences, 23: 4.

Chen Y, Wu C, Zhang H, et al. 2012. Empirical estimation of pollution load and contamination levels of phthalate esters in agricultural soils from plastic film mulching in China. Environmental Earth Sciences, 70: 239-247.

Chiellini E, Corti A, Dantone S, et al. 2006. Oxo-biodegradable carbon backbone polymers：oxidative degradation of polyethylene under accelerated test conditions. Polymer Degradation and Stability, 91(11): 2739-2747.

Claessens M, Van Cauwenberghe L, Vandegehuchte M B, et al. 2013. New techniques for the detection of microplastics in sediments and field collected organisms. Marine Pollution Bulletin, 70: 227-233.

Cole M, Lindeque P, Halsband C, et al. 2011. Microplastics as contaminants in the marine environment: a review. Marine Pollution Bulletin, 62: 2588-2597.

Cole M, Webb H, Lindeque P K, et al. 2014. Isolation of microplastics in biota-rich seawater samples and marine organisms. Scientific Report, 4: 4528.

Corcoran P L, Norris T, Ceccanese T, et al. 2015. Hidden plastics of Lake Ontario, Canada and their potential preservation in the sediment record. Environmental Pollution, 204: 17-25.

de Souza Machado A A, Kloas W, Zarfl C, et al. 2018b. Microplastics as an emerging threat to terrestrial ecosystems. Global Change Biology, 24: 1405-1416.

de Souza Machado A A, Lau C W, Till J, et al. 2018a. Impacts of microplastics on the soil biophysical environment. Environmental Science & Technology, 52(17): 9656-9665.

Duis K, Coors A. 2016. Microplastics in the aquatic and terrestrial environment: sources (with a specific focus on personal care products), fate and effects. Environmental Science Europe, 28: 2.

Esmaeili A, Pourbabaee A A, Alikhani H A, et al. 2013. Biodegradation of low-density polyethylene (LDPE) by mixed culture of *Lysinibacillus xylanilytics* and *Aspergillus niger* in soil. PLoS One, 8(9): e71720.

Fok L, Cheung P K. 2015. Hong Kong at the pearl river estuary: a hotspot of microplastic pollution. Marine Pollution

Bulletin, 99: 112-118.

Fontanella S, Bonhomme S, Koutny M, et al. 2010. Comparison of the biodegradability of various polyethylene films containing pro-oxidant additives. Polymer Degradation and Stability, 95(6): 1011-1021.

Fuller S, Gautam A. 2016. A procedure for measuring microplastics using pressurized fluid extraction. Environmental Science & Technology, 50: 5774-5780.

Gall S C, Thompson R C. 2015. The impact of debris on marine life. Marine Pollution Bulletin, 92: 170-179.

Geens T, Neels H, Covaci A. 2012. Distribution of bisphenol-A, triclosan and n-nonylphenol in human adipose tissue, liver and brain. Chemosphere, 87(7): 796-802.

GESAMP. 2015. Sources, Fate and Effects of Microplastics in the Marine Environment A Global Assessment. London: International Maritime Organization.

Gewert B, Plassmann M M, Macleod M. 2015. Pathways for degradation of plastic polymers floating in the marine environment. Environmental Science: Processes & Impacts, 17(9): 1513-1521.

Gigault J, Pedrono B, Maxit B, et al. 2016. Marine plastic litter: the unanalyzed nano-fraction. Environmental Science: Nano, 3: 346-350.

Gilan I, Hadar Y, Sivan A. 2004. Colonization, biofilm formation and biodegradation of polyethylene by a strain of *Rhodococcus ruber*. Applied Microbiology and Biotechnology, 65(1): 97-104.

Gopferich A. 1996. Mechanisms of polymer degradation and erosion. Biomaterials, 17(2): 103-114.

Guo Y, Han R, Du W T, et al. 2010. Effects of combined phthalate acid ester contamination on soil micro-ecology. Research of Environmental Sciences, 23: 5.

Hadad D, Geresh S, Sivan A. 2005. Biodegradation of polyethylene by the thermophilic bacterium *Brevibacillus borstelensis*. Journal of Applied Microbiology, 98(5): 1093-1100.

Hamlin H J, Marciano K, Downs C A. Migration of nonylphenol from food-grade plastic is toxic to the coral reef fish species *Pseudochromis fridmani*. Chemosphere, 2015, 139: 223-228.

Hayes D G, Wadsworth L C, Sintim H Y, et al. 2017. Effect of diverse weathering conditions on the physicochemical properties of biodegradableplastic mulches. Polymer Testing, 62: 454-467.

He L, Gielen G, Bolan N S, et al. 2014. Contamination and remediation of phthalic acid esters in agricultural soils in China: a review. Agronomy for Sustainable Development, 35: 519-534.

He W Q, Li Z，Liu E K，et al. 2017. The benefits and challenge of plastic film mulching in China. World Agriculture, 136: 48-56.

Hodson M E, Duffus-Hodson C A, Clark A, et al. 2017. Plastic bag derived-microplastics as a vector for metal exposure in terrestrial invertebrates. Environmental Science & Technology, 51: 4714-4721.

Hopewell J, Dvorak R, Kosior E. 2009. Plastics recycling: challenges and opportunities. Philos Trans R Soc Lond B Biol Sci, 364: 2115-2126.

Horton A, Walton A, Spurgeon D J, et al. 2017a. Microplastics in freshwater and terrestrial environments: evaluating the current understanding to identify the knowledge gaps and future research priorities. Science of the Total Environment, 586: 127-141.

Horton A A, Svendsen C, Williams R J, et al. 2017b. Large microplastic particles in sediments of tributaries of the River Thames, UK - Abundance, sources and methods for effective quantification. Marine Pollution Bulletin, 114: 218-226.

Huerta L E, Gertsen H, Gooren H, et al. 2016. Microplastics in the terrestrial ecosystem: implications for *Lumbricus terrestris* (Oligochaeta, Lumbricidae). Environmental Science & Technology, 50: 2685-2691.

Huerta L E, Gertsen H, Gooren H, et al. 2017a. Incorporation of microplastics from litter into burrows of *Lumbricus terrestris*. Environmental Pollution, 220: 523-531.

Huerta L E, Mendoza V J, Ku Q V, et al. 2017b. Field evidence for transfer of plastic debris along a terrestrial food chain. Scientific Report, 7: 14071.

Hurley R R, Nizzetto L. 2018. Fate and occurrence of micro (nano) plastics in soils: knowledge gaps and possible risks. Current Opinion in Environmental Science & Health, 1: 6-11.

Hyndman R J, Khandakar Y. 2008. Automatic time series forecasting: the forecast package for R. Journal of Statistical Software, 27(3): 1-22.

Jabeen K, Su L, Li J, et al. 2017. Microplastics and mesoplastics in fish from coastal and fresh waters of China. Environmental Pollution, 221: 141-149.

Jakubowicz I. 2003. Evaluation of degradability of biodegradable polyethylene (PE). Polymer Degradation and Stability, 80(1): 39-43.

Jiang X J, Liu W, Wang E, et al. 2017. Residual plastic mulch fragments effects on soil physical properties and water flow behavior in the Minqin Oasis, northwestern China. Soil and Tillage Research, 166: 100-107.

Karlsson S, Ljungquist O, Albertsson A. 1998. Biodegradation of polyethylene and the influence of surfactants. Polymer Degradation and Stability, 21: 237-250.

Kasirajan S, Ngouajio M. 2012. Polyethylene and biodegradable mulches for agricultural applications: a review. Agronomy for Sustainable Development, 32: 501-529.

Kawai F, Watanabe M, Shibata M, et al. 2004. Comparative study on biodegradability of polyethylene wax by bacteria and fungi. Polymer Degradation and Stability, 86(1): 105-114.

Kawamura Y, Ogawa Y, Mutsuga M. 2017. Migration of nonylphenol and plasticizers from polyvinyl chloride stretch film into food simulants, rapeseed oil, and foods. Food Science & Nutrition, 5: 390-398.

Kong S, Ji Y, Liu L, et al. 2012. Diversities of phthalate esters in suburban agricultural soils and wasteland soil appeared with urbanization in China. Environmental Pollution, 170: 161-168.

Koutny M, Amato P, Muchova M, et al. 2009. Soil bacterial strains able to grow on the surface of oxidized polyethylene film containing prooxidant additives. International Biodeterioration & Biodegradation, 63(3): 354-357.

Koutny M, Sancelme M, Dabin C, et al. 2006. Acquired biodegradability of polyethylenes containing pro-oxidant additives. Polymer Degradation and Stability, 91: 1495-1503.

Krueger M C, Harms H, Schlosser D. 2015. Prospects for microbiological solutions to environmental pollution with plastics. Applied Microbiology and Biotechnology, 99(21): 8857-8874.

Kyrikou I, Briassoulis D. 2007. Biodegradation of agricultural plastic films: a critical review. Journal of Polymers and the Environment, 15: 125-150.

Lambert S, Wagner M. 2016. Characterisation of nanoplastics during the degradation of polystyrene. Chemosphere, 145: 265-268.

Lambert S, Sinclair C, Boxall A. 2014. Occurrence, Degradation, and Effect of Polymer-Based Materials in the Environment. Reviews of Environmental Contamination and Toxicology, 227: 1-53.

Laycock B, Nikolić M, Colwell J M, et al. 2017. Lifetime prediction of biodegradable polymers. Progress in Polymer Science, 71: 144-189.

Li L X, Wang Z H. 2016. Characteristics of mulching plasticfilmresiduein cotton fields in the Yellow River Delta. Agricultural Science & Technology, 17(11): 2510-2512, 2515.

Li X, Zhang X, Niu J, et al. 2016. Irrigation water productivity is more influenced by agronomic practice factors than by climatic factors in Hexi Corridor, Northwest China. Scientific Report, 6: 37971.

Liu E K, He W Q, Yan C R. 2014. 'White revolution' to 'white pollution'-agricultural plastic film mulch in China, Environmental Research Letters, 9(9): 091001.

Liu H, Yang X, Liu G, et al. 2017. Response of soil dissolved organic matter to microplastic addition in Chinese loess soil. Chemosphere, 185: 907-917.

Liu M, Lu S, Song Y, et al. 2018. Microplastic and mesoplastic pollution in farmland soils in suburbs of Shanghai, China. Environmental Pollution, 242: 855-862.

Lucas N, Bienaime C, Belloy C, et al. 2008. Polymer biodegradation：mechanisms and estimation techniques: a review. Chemosphere, 73(4): 429-442.

Luo Y M, Zhou Q, Zhang H B, et al. 2018. Pay attention to research on microplastic pollution in soil for prevention of ecological and food chain risks. Journal of the Chinese Academy of Sciences, 33: 10.

Manzur A, Limon-Gonzalez M, Favela-Torres E. 2004. Biodegradation of physicochemically treated LDPE by a consortium of filamentous fungi. Journal of Applied Polymer Science, 92: 265-271.

Martin Wagner C S, Alvarez-Muñoz D, Nicole B, et al. 2014. Microplastics in freshwater ecosystems what we know and what we need to know. Environmental Sciences Europe, 26: 9.

McCormick A, Hoellein T J, Mason S A, et al. 2014. Microplastic is an abundant and distinct microbial habitat in an urban river. Environmental Science & Technology, 48: 11863-11871.

Moreno M M, Moreno A. 2008. Effect of different biodegradable and polyethylene mulches on soil properties and production in a tomato crop. Scientia Horticulturae, 116: 256-263.

Nizzetto L, Bussi G, Futter M N, et al. 2016a. A theoretical assessment of microplastic transport in river catchments and their retention by soils and river sediments. Environmental Science: Processes & Impacts, 18: 1050-1059.

Nizzetto L, Butterfield D, Futter M, et al. 2016b. Assessment of contaminant fate in catchments using a novel integrated hydrobiogeochemical-multimedia fate model. Science of the Environment, 544: 553-563.

Nizzetto L, Futter M, Langaas S. 2016c. Are agricultural soils dumps for microplastics of urban origin? Environmental Science & Technology, 50: 10777-10779.

Nuelle M T, Dekiff J H, Remy D, et al. 2014. A new analytical approach for monitoring microplastics in marine sediments. Environmental Pollution, 184: 161-169.

Ohtake Y, Ashabe H, Murakami N, et al. 1995. Biodegradation of low-density polyethylene, polystyrene, polyvinyl-chloride, and urea-formaldehyde resin buried under soil for over 32 years. Journal of Applied Polymer Science, 56: 1789-1796.

Ohtake Y, Kobayashi T, Asabe H, et al. 1996. Oxidative degradation and molecular weight change of LDPE buried under bioactive soil for 32-37 years. Journal of Applied Polymer Science, 70: 1643-1659.

Ohtake Y, Kobayashi T, Asabe H, et al. 1998. Studies on biodegradation of LDPE: observation of LDPE films scattered in agricultural fields or in garden soil. Polymer Degradation and Stability, 60(1): 79-84.

Piehl S, Leibner A, Loder M G J, et al. 2018. Identification and quantification of macro- and microplastics on an agricultural farmland. Scientific Report, 8: 17950.

Pometto A L, Lee B T, Johnson K E. 1992. Production of an extracellular polyethylene-degrading enzyme(s) by *Streptomyces* species. Applied and Environmental Microbiology, 58(2): 731-733.

Pramila R. 2001. Biodegradation of low density polyethylene (LDPE) by fungi isolated from marine water：a SEM analysis. African Journal of Microbiology Research, 5(28): 5013-5018.

Pramila R, Vijaya R K. 2011. Biodegradation of low density polyethylene (LDPE) by fungi isolated from municipal landfill area. Journal of Microbiology and Biotechnology Research, 1(4): 131-136.

Qiu Q X, Tan Z, Wang J D, et al. 2016. Extraction, enumeration and identification methods for monitoring microplastics in the environment. Estuarine, Coastal and Shelf Science, 176: 102-109.

Rajandas H, Parimannan S, Sathasivam K, et al. 2012. A novel FTIR-ATR spectroscopy based technique for the estimation of low-density polyethylene biodegradation. Polymer Testing, 31(8): 1094-1099.

Ramos L, Berenstein G, Hughes E A, et al. 2015. Polyethylene film incorporation into the horticultural soil of small periurban production units in Argentina. Science of the Total Environment, 523: 74-81.

Reddy M M, Deighton M, Gupta R K, et al. 2009. Biodegradation of oxo-bio-degradable polyethylene. Journal of Applied Polymer Science, 111(3): 1426-1432.

Restrepo-Flórez J M, Bassi A, Thompson M R. 2014. Microbial degradation and deterioration of polyethylene: a review. International Biodeterioration and Biodegradation, 88: 83-90.

Richard C, Thompsonl Y O, Richard P M, et al. 2004. Lost at sea where is all the plastic. Science Advances, 304: 1.

Rillig M C. 2012. Microplastic in terrestrial ecosystems and the soil? Environmental Science & Technology, 46: 6453-6454.

Rillig M C. 2018. Microplastic disguising as soil carbon storage. Environmental Science & Technology, 52: 6079-6080.

Rillig M C, Ingraffia R, de Souza Machado A A. 2017a. Microplastic incorporation into soil in agroecosystems. Frontiers in Plant Science, 8: 1805.

Rillig M C, Ziersch L, Hempel S. 2017b. Microplastic transport in soil by earthworms. Scientific Report, 7: 1362.

Roland Geye J R J, Kara L L. 2017. Production, use, and fate of all plastics ever made.Science Advances, 3: 5.

Roy P K, Hakkarainen M, Varma I K, et al. 2011. Degradable polyethylene: fantasy or reality. Environmental Science & Technology, 45(10): 4217-4227.

Roy P K, Titus S, Surekha P, et al. 2008. Degradation of abiotically aged LDPE films containing pro-oxidant by bacterial consortium. Polymer Degradation and Stability, 93(10): 1917-1922.

Santo M, Weitsman R, Sivan A. 2013. The role of the copper-binding enzyme laccase in the biodegradation of polyethylene by the actinomycete *Rhodococcus ruber*. International Biodeterioration and Biodegradation, 84: 204-210.

Scheurer M, Bigalke M. 2018. Microplastics in swiss floodplain soils. Environmental Science & Technology, 52: 3591-3598.

Seneviratne G, Tennakoon N S, Weerasekara M L, et al. 2006. Polyethylene biodegradation by a developed Penicillium-Bacillus biofilm. Current Science, 90(1): 20-21.

Shah A A, Hasan F, Hameed A, et al. 2008. Biological degradation of plastics: a comprehensive review. Biotechnology Advances, 26(3): 246-265.

Song Y K, Hong S H, Jang M, et al. 2015. A comparison of microscopic and spectroscopic identification methods for analysis of microplastics in environmental samples. Marine Pollution Bulletin, 93: 202-209.

Sowmya H V, Ramalingappa M, Krishnappa M. 2012. Degradation of polyethylene by *Chaetomium* sp. and *Aspergillus flavus*. International Journal of Recent Science Research, 3: 513-517.

Steinmetz Z, Wollmann C, Schaefer M, et al. 2016. Plastic mulching in agriculture：trading short-term agronomic benefits for long-term soil degradation? Science of the Total Environment, 550: 690-705.

Sudhakar M, Doble M, Murthy P S, et al. 2008. Marine microbe-mediated biodegradation of low- and high-density polyethylenes. International Biodeterioration and Biodegradation, 61(3): 203-213.

Tagg A S, Sapp M, Harrison J P, et al. 2015. Identification and quantification of microplastics in wastewater using focal plane array-based reflectance micro-FT-IR imaging. Analytical Chemistry, 87: 6032-6040.

Tato T, Salgueiro-Gonzalez N, Leon V M, et al. 2018. Ecotoxicological evaluation of the risk posed by bisphenol A, triclosan, and 4-nonylphenol in coastal waters using early life stages of marine organisms (*Isochrysis galbana*, *Mytilus galloprovincialis*, *Paracentrotus lividus*, and *Acartia clausi*). Environmental Pollution, 232: 173-182.

Van Sebille E, Wilcox C, Lebreton L, et al. 2015. A global inventory of small floating plastic debris. Environmental Research Letters, 10:124006.

Vasile C. 2000. Handbook of Polyolefins. Second edition. New York: CRC Press.

Velzeboer I, Kwadijk C J, Koelmans A A. 2014. Strong sorption of PCBs to nanoplastics, microplastics, carbon nanotubes, and fullerenes. Environmental Science & Technology, 48: 4869-4876.

Volke-Sepúlveda T, Saucedo-Castañeda G, Gutiérrez-Rojas M, et al. 2002. Thermally treated low density polyethylene biodegradation by *Penicillium pinophilum* and *Aspergillus niger*. Journal of Applied Polymer Science, 83: 305-314.

Wang J, Luo Y, Teng Y, et al. 2013. Soil contamination by phthalate esters in Chinese intensive vegetable production systems with different modes of use of plastic film. Environmental Pollution, 180: 265-273.

Wang J, Lv S, Zhang M, et al. 2016. Effects of plastic film residues on occurrence of phthalates and microbial activity in soils. Chemosphere, 151: 171-177.

Wang J, Peng J, Tan Z, et al. 2017. Microplastics in the surface sediments from the Beijiang River littoral zone: composition, abundance, surface textures and interaction with heavy metals. Chemosphere, 171: 248-258.

Wang X, Yuan X, Hou Z, et al. 2009. Effect of di-(2-ethylhexyl) phthalate (DEHP) on microbial biomass C and enzymatic activities in soil. European Journal of Soil Biology, 45: 370-376.

Watanabe T, Ohtake Y, Asabe H, et al. 2009. Biodegradability and degrading microbes of low-density polyethylene. Journal of Applied Polymer Science, 111: 551-559.

Wilkes R A, Aristilde L. 2017. Degradation and metabolism of synthetic plastics and associated products by *Pseudomonas* sp.: capabilities and challenges. Journal of Applied Microbiology, 123(3): 582-593.

Xie H J, Shi Y J, Zhang J, et al. 2010. Degradation of phthalate esters (PAEs) in soil and the effects of PAEs on soil microcosm activity. Journal of Chemical Technology & Biotechnology, 85: 1108-1116.

Yamada-Onodera K, Mukumoto H, Katsuyaya Y, et al. 2001. Degradation of polyethylene by a fungus, *Penicillium simplicissimum* YK. Polymer Degradation and Stability, 72(2): 323-327.

Yan C G, He W Q, Turner N C, et al. 2014. Plastic-film mulch in Chinese agriculture: importance and problems. World Agriculture, 4(2): 32-36.

Yang J, Yang Y, Wu W M, et al. 2014. Evidence of polyethylene biodegradation by bacterial strains from the guts of plastic-eating waxworms. Environmental Science & Technology, 48(23): 13776-13784.

Yang X, Bento C P M, Chen H, et al. 2018. Influence of microplastic addition on glyphosate decay and soil microbial activities in Chinese loess soil. Environmental Pollution, 242: 338-347.

Zacharias S, Claudia W, Miriam S, et al. 2016. Plastic mulching in agriculture. Trading short-term agronomic benefits for long-term soil degradation? Science of the Total Environment, 550: 690-705.

Zeng L S, Zhou Z F, Shi Y X. 2013. Environmental problems and control ways of plastic film in agricultural production. Applied Mechanics and Materials, 295-298: 2187-2190.

Zettler E R, Mincer T J, Amaral-Zettler L A. 2013. Life in the "plastisphere": microbial communities on plastic marine debris. Environmental Science & Technology, 47: 7137-7146.

Zhang G S, Liu Y F. 2018. The distribution of microplastics in soil aggregate fractions in southwestern China. Science of the Total Environment, 642: 12-20.

Zhang M, Dong B, Qiao Y, et al. 2018. Effects of sub-soil plastic film mulch on soil water and salt content and water utilization by winter wheat under different soil salinities. Field Crops Research, 225: 130-140.

Zhang S, Yang X, Gertsen H, et al. 2018. A simple method for the extraction and identification of light density microplastics from soil. Science of the Total Environment, 616-617: 1056-1065.

Zhang W, Xu Z, Pan B, et al. 2007. Assessment on the removal of dimethyl phthalate from aqueous phase using a hydrophilic hyper-cross-linked polymer resin NDA-702. Journal of Colloid and Interface Science, 311: 382-390.

Zhou Q H, Wu Z B, Cheng S P, et al. 2005. Enzymatic activities in constructed wetlands and di-n-butyl phthalate (DBP) biodegradation. Soil Biology and Biochemistry, 37: 1454-1459.

Zhou Q, Zhang H B, Fu C C, et al. 2018. The distribution and morphology of microplastics in coastal soils adjacent to the Bohai Sea and the Yellow Sea. Geoderma, 322: 201-208.

Zubris K A, Richards B K. 2005. Synthetic fibers as an indicator of land application of sludge. Environmental Pollution, 138: 201-211.

第四章　地膜覆盖技术适宜性研究

第一节　春玉米地膜覆盖适宜性评价

一、作物地膜覆盖适宜性的定义

作物地膜覆盖适宜性是评定地膜覆盖技术对于某种作物是否适宜及适宜的程度，是进行地膜覆盖技术应用宏观决策，从源头解决地膜覆盖技术泛用、滥用问题和地膜残留污染综合防控的基本依据。

二、评价指标的选取原则

春玉米地膜覆盖适宜性评价是指综合考虑春玉米生长周期特征和地膜覆盖施用的现实条件，科学、准确地评定地膜覆盖的综合使用效果（周卫，2017）。针对东北地区春玉米地膜覆盖滥用和泛用的应用状况，评价指标选取需遵循以下6个原则（王化中等，2015；ITAD，1996）。

1）科学性。选取的指标概念准确、清晰，满足东北地区春玉米地膜覆盖适宜性研究需要，且具有普遍适用性。

2）有效性。评价指标应包括春玉米整个生育期和地膜覆盖应用全过程参数，同时尽可能用最少的指标直接有效地突出地膜覆盖的应用效果。

3）系统性。玉米作为我国的主产粮食作物之一，其地膜覆盖适宜性评估处于环境-经济复合系统中，需从多方面筛选评价指标，从不同层次反映地膜覆盖技术的应用特点。

4）敏感性。生态和经济处于动态变化过程中，地膜覆盖适宜性评估应选取在一段时间内相对稳定的指标。

5）可行性。在评价指标选取过程中，应优先选择可量化的指标，同时确保量化数据的可操作性和准确性。

6）时效性。评价指标的选取需匹配我国当前农业技术的需求，反映我国农业发展的实际状况。

三、评价指标的筛选

结合评价指标的选取原则和国内外针对农业技术可持续性评价的研究结果，在充分发挥地膜覆盖增温保墒功效并避免地膜残留污染的基础上，对东北地区春玉米地膜覆盖的评价指标进行筛选（翟治芬等，2012，2013；Dhuyvette et al.，1996）。首先借助层次分析法将春玉米地膜覆盖评价体系分为目标层、准则层和指标层。目标层为东北地区春玉米地膜覆盖适宜性；准则层分为生态适宜性和经济适宜性两个方面（翟治芬等，2013）；对于指标层分别选取若干个指标（肖志强等，2018；周玮等，2015；Simone and Detlef，2012），共同构建春玉米地膜覆盖指标集，见表4-1。

表4-1　地膜覆盖适宜性评价指标及说明

指标类型	指标名称	量纲	说明
生态因子	温度	℃	温度是反映区域热能资源的基本指标之一
	≥10℃积温	℃·d	≥10℃积温反映了作物生长期内的热量累积，是考察热量条件对物是否适宜的重要指标
	温度亏缺指数		温度亏缺指数反映了热量条件对作物各生育阶段的冷害、热害程度
	日照时数	h	日照时数指一天内太阳直射光线照射地面的时间，是考察光照条件对物是否适宜的重要指标
	生育期降水量	mm	生育期降水量用来反映水分资源的绝对数量，考察地区的干旱程度
	蒸散量	mm	蒸散量的大小影响农作物对灌溉的要求，蒸发量大的地区，作物耗水量大，易发生干旱
	干燥度		干燥度是某一时期平均降水量与最大可能蒸发量之比，考察地区的干旱程度
	水分亏缺指数		水分亏缺指数反映了水分条件对作物各生育阶段的旱害、涝害程度
	土壤肥力	%	土壤肥力指土壤能够提供作物生长所需各种养分的能力，是反映土壤肥沃性的一个重要指标
	地膜残留量	kg/hm^2	地膜残留量指地膜覆盖之后残留于农田的重量
	抑制杂草生物量	kg/hm^2	抑制杂草生物量指地膜覆盖抑制杂草的能力
	产量	kg/hm^2	产量指应用地膜覆盖技术后作物的实际产量
经济因子	经济效益	元/hm^2	经济效益指应用地膜覆盖技术后作物的实际经济效益
	经济效益增量	元/hm^2	经济效益增量指地膜覆盖技术应用后导致的经济效益增加量
	产投比		产投比在农业技术项目中用于评价资金使用效率和投资回报率的重要作用
	作物水分利用效率	g/kg	水分利用效率指田间作物蒸散消耗单位质量水所制造的干物质量
	节省肥料量	kg/hm^2	节省肥料量指应用地膜覆盖技术后节省的肥料重量

研究发现，限制东北地区春玉米生产的生态环境因素主要是生长发育期的热量资源和降水资源（马雅丽和郭建平，2018；Tavakkoli and Oweis，2004）。冶明珠等（2012）通过对近30年气象数据分析得出，光照条件基本不制约东北地区春玉米生长发育。也有研究发现，在全球范围内，温度和水分是影响作物分布的主要生态环境因子，而光照适宜度经水热环境间接得到体现（何奇瑾和周广胜，2012）。

雷波和姜文来（2008）应用农业水资源产出效益、种植业产投比、作物水分利用效率等7个指标评价北方旱作区农业节水技术的经济效益。周玮等（2015）仅选用投资回收期和废弃物投资量2个指标对8种固体废弃物肥料化技术进行筛选与验证，实际情况与结果相吻合。吴一平等（2018）利用包含产量、成本等评价指标的体系，评价得出肥料减施增效技术的应用使得经济效益偏低，但影响不大。

为完善东北地区春玉米地膜覆盖适宜性评价指标体系，采用专家咨询法对东北地区春玉米栽培、生态、农业经济等领域的前沿专家进行问卷调查（Owen，1993；魏琦等，2018），综合考虑指标的可量化性与实际情况，依次进行鉴定与评价每一层次的每一指标，补充未考虑到的指标，并对存在争议的指标进行完善或剔除。基于前人研究和专家意见，遵照指标选取原则，确定了东北地区春玉米地膜覆盖适宜性评价指标体系，详见表4-2。

表4-2 东北春玉米地膜覆盖适宜性评价

目标层	准则层	指标层	量纲
东北地区春玉米地膜覆盖适宜性	生态适宜性	温度亏缺指数	
		水分亏缺指数	
	经济适宜性	纯利润增量	元/hm^2
		产投比	

（一）生态适宜性指标

1. 温度亏缺指数

采用作物温度亏缺指数CTDI（crop temperature deficit index）评价东北地区不同熟性春玉米在各生育阶段受到的冷害、热害程度（邱美娟等，2019）。计算公式为

$$\mathrm{CTDI}_1=\left(1-\frac{\mathrm{AT}_1}{2100}\right)\times 100 \quad (4\text{-}1)$$

$$\mathrm{CTDI}_2=\left(1-\frac{\mathrm{AT}_2}{2300}\right)\times 100 \quad (4\text{-}2)$$

$$\mathrm{CTDI}_3=\left(1-\frac{\mathrm{AT}_3}{2650}\right)\times 100 \quad (4\text{-}3)$$

$$\mathrm{CTDI}_4=\left(1-\frac{\mathrm{AT}_4}{2800}\right)\times 100 \quad (4\text{-}4)$$

$$\mathrm{CTDI}_5=\left(1-\frac{\mathrm{AT}_5}{3200}\right)\times 100 \quad (4\text{-}5)$$

式中，AT_1～AT_5分别代表早熟、中早熟、中熟、中晚熟、晚熟春玉米整个生育期≥10℃积温（℃·d）；CTDI_1～CTDI_5分别代表早熟、中早熟、中熟、中晚熟、晚熟春玉米生育期温度亏缺指数。早熟、中早熟、中熟、中晚熟、晚熟春玉米生育期所需≥10℃积温如表4-3所示（周颖，2018；董秋婷等，2011）。

表4-3 东北地区不同熟期类型春玉米所需≥10℃积温（℃·d）

指标	早熟	中早熟	中熟	中晚熟	晚熟
生育期所需≥10℃积温	1900～2100	2100～2300	2300～2650	2650～2800	2800～3200

2. 水分亏缺指数

采用作物水分亏缺指数CWDI（crop water deficit index）评价东北地区春玉米在不同生育时期受到的旱害、涝害程度（张淑杰等，2013）。计算公式为

$$\mathrm{CWDI}=\frac{\mathrm{CWDI}_1+\mathrm{CWDI}_2+\mathrm{CWDI}_3+\mathrm{CWDI}_4+\mathrm{CWDI}_5}{5} \tag{4-6}$$

式中，CWDI为春玉米整个生育期水分亏缺指数（%）；CWDI_1为出苗期水分亏缺指数（%）；CWDI_2为拔节期水分亏缺指数（%）；CWDI_3为抽穗期水分亏缺指数（%）；CWDI_4为灌浆期水分亏缺指数（%）；CWDI_5为成熟期水分亏缺指数（%）。

$$\mathrm{CWDI}_n=a_1\times\mathrm{CWDI}_k+a_2\times\mathrm{CWDI}_{k-1}+a_3\times\mathrm{CWDI}_{k-2}+a_4\times\mathrm{CWDI}_{k-3}+a_5\times\mathrm{CWDI}_{k-4} \tag{4-7}$$

式中，CWDI_n（%）为春玉米某生育阶段前50d的累积水分亏缺指数（%）；CWDI_k为第k个时间段（某生育阶段前1～10d）的累积水分亏缺指数（%）；CWDI_{k-1}为第k−1个时间段（某生育阶段前11～20d）的累积水分亏缺指数（%）；CWDI_{k-2}为第k−2个时间段（某生育阶段前21～30d）的累积水分亏缺指数（%）；CWDI_{k-3}为第k−3个时间段（某生育阶段前31～40d）的累积水分亏缺指数（%）；CWDI_{k-4}为第k−4个时间段（某生育阶段前41～50d）的累积水分亏缺指数（%）；将春玉米该生育阶段的最后一天作为评价的起始；a_1、a_2、a_3、a_4、a_5分别为各个生育阶段的权重系数CWDI占整个生育时期CWDI的权重，依据贡献分别确定为0.3、0.25、0.2、0.15、0.1。

$$\mathrm{CWDI}_k=\begin{cases}\left(1-\dfrac{P_k}{\mathrm{ETc}_k}\right)\times 100 & \mathrm{ETc}_j\geqslant P_j\\ 0 & \mathrm{ETc}_j<P_j\end{cases} \tag{4-8}$$

式中，P_k为10d的累计降水量（mm）；ETc_k为10d累计需水量（mm）。根据东北地区田间土壤属性，当日降水超过30mm/d时，造成地表径流；若降水超过30mm/d，则按30mm进行计算（侯英雨等，2013）。

作物参考蒸散量（ET_0）采用FAO（Allen et al.，1998）推荐的Penman-Monteith公式计算。计算过程如下：

$$\mathrm{ET}_0=\frac{0.408\Delta(R_\mathrm{n}-G)+\gamma\dfrac{900}{T+273}U_2(e_\mathrm{s}-e_\mathrm{a})}{\Delta+\gamma(1+0.34U_2)} \tag{4-9}$$

式中，R_n代表作物冠层表面净辐射[MJ/（m^2·d）]；G代表土壤热通量

[MJ/（m^2·d）]；T代表平均气温（℃）；U_2代表2m高处的风速（m/s）；e_s代表饱和水汽压（kPa）；e_a代表实际水汽压（kPa）；Δ代表饱和水汽压-气温关系曲线在T处的切线斜率（kPa/℃）；γ代表湿度常数（kPa/℃）。

$$\mathrm{ETc} = K_c \times \mathrm{ET}_0 \tag{4-10}$$

式中，ETc代表作物日需水量（mm）；K_c代表作物系数。由于FAO推荐的K_c与我国东北地区实际情况不同，本研究结合东北地区当地气候条件进行修订，以使春玉米不同生育阶段的K_c值更接近实际值，最终确定播种期、出苗期、拔节期、抽穗期、灌浆期、成熟期的作物系数分别为0.3、0.4、0.4、1.2、1.0、0.6（慕臣英等，2019；高晓容等，2012；李彩霞等，2007；纪瑞鹏等，2004）。

（二）经济适宜性指标

1. 纯利润增量

农业生产是一项以取得效益最大化为主要目的的农业活动，经济效益增量EBI（economic benefits increment）是反映地膜覆盖应用后经济效益增加量的重要指标（曹建如，2007）。计算方法为

$$\mathrm{EBI} = \Delta_y \times B - \Delta_Z - C - R - \Delta_W - \Delta_D - \Delta_f \tag{4-11}$$

式中，Δ_y为采用地膜覆盖较不采用地膜覆盖春玉米的增产量（kg/hm^2）；B为春玉米收购价格（元/kg）；Δ_Z为采用地膜覆盖较不采用地膜覆盖春玉米种子的增加费用（元/hm^2）；C为地膜投入成本（元/hm^2）；R为地膜残留回收成本（元/hm^2）；Δ_W为采用地膜覆盖较不采用地膜覆盖春玉米病虫害防治和除草剂的增加费用（元/hm^2）；Δ_D为采用地膜覆盖较不采用地膜覆盖春玉米作业成本的增加费用（元/hm^2）；Δ_f为采用地膜覆盖较不采用地膜覆盖春玉米肥料投入的增加费用（元/hm^2）。本研究采用东北地区2019年实际春玉米收购价格1.8元/kg。

2. 产投比

产投比（input-output ratio，IOR）在农业技术项目中用于评价资金使用效率和投资回报率的重要作用（吴发启等，2014）。计算方法为

$$\mathrm{IOR} = \frac{(y_0 + \Delta_y) \times B}{Z + C + R + W + D + F} \tag{4-12}$$

式中，y_0为东北地区常规玉米平均产量（kg/hm^2）；Δ_y为采用地膜覆盖较不采用地膜覆盖春玉米的增产量（kg/hm^2）；B为春玉米收购价格（元/kg）；Z为采用地膜覆盖春玉米的种子花费（元/hm^2）；C为地膜投入成本（元/hm^2）；R为地膜残留回收成本（元/hm^2）；W为采用地膜覆盖春玉米病虫害防治和除草剂的花费（元/hm^2）；D为采用地膜覆盖春玉米作业成本的花费（元/hm^2）；F为采用地膜覆盖春玉米肥料的花费（元/hm^2）。

四、适宜性评价模型

采用权重法构建东北地区春玉米地膜覆盖生态适宜性评价模型、经济适宜性评价模型、综合适宜性评价模型（高晓容等，2014）。公式如下：

$$S_1=\left[\sum_{i=1}^{n}\alpha\cdot S_{\mathrm{CTDI},i}\right]+\left[\sum_{i=1}^{n}\beta\cdot S_{\mathrm{CWDI},i}\right] \tag{4-13}$$

$$S_2=\left[\sum_{i=1}^{n}\gamma\cdot S_{\mathrm{EBI},i}\right]+\left[\sum_{i=1}^{n}\delta\cdot S_{\mathrm{IOR},i}\right] \tag{4-14}$$

$$S_3=\varepsilon\times S_1+\epsilon\times S_2 \tag{4-15}$$

式中，S_1代表生态适宜性指数；S_2代表经济适宜性指数；S_3代表综合适宜性指数；α和β分别代表温度亏缺指数和水分亏缺指数权重，根据温度和水分对春玉米生长发育的贡献确定为0.70和0.30（邱美娟等，2019；马雅丽和郭建平，2018；龙海丽，2015）；γ和δ分别代表经济效益增量和产投比权重，根据经济效益增量和产投比对春玉米经济价值的贡献确定为0.57和0.43（曹建如，2007；王绍斌等，1995）；ε和ϵ分别代表生态适宜性指数和经济适宜性指数权重，根据生态效益和经济效益对春玉米综合效益的贡献确定为0.60和0.40（张彩霞，2016）；S_{CTDI}为各个气象站点春玉米温度亏缺指数的无量纲化值；S_{CWDI}为各个气象站点春玉米水分亏缺指数的无量纲化值；S_{EBI}为各个气象站点春玉米经济效益增量的无量纲化值；S_{IOR}为各个气象站点春玉米产投比的无量纲化值；i代表玉米不同熟性。

评价指标值的数量级不同，无法进行比较、计算。因此需消除每个指标值的量纲，使得每个指标值的相应范围（保证在0～1）一致（张丽丽，2015）。计算公式如下：

$$X_j=\frac{X_j-X_{j\min}}{X_{j\max}-X_{j\min}}\times 100 \tag{4-16}$$

$$X_j=\frac{X_{j\max}-X_j}{X_{j\max}-X_{j\min}}\times 100 \tag{4-17}$$

式中，$X_{j\max}$代表第j个指标的最大值；$X_{j\min}$代表第j个指标的最小值。为了方便进行生态适宜性指数和经济适宜性指数的GIS栅格叠加，从而计算综合适宜性指数，生态适宜性指标无量纲化处理采用式（4-16），经济适宜性指标无量纲化处理采用式（4-17）。

第二节 地膜覆盖对春玉米生产和效益的影响

一、地膜覆盖对春玉米生育期温度的影响

地温是评价气候变化的重要指标，地温变化不仅改变区域气候，还影响作物的生长发育（中国气象局，2007）。地膜覆盖可提高东北地区春玉米农田耕作层（0～30cm）土壤温度2～4℃（马树庆等，2007），积温达到200～250℃·d，使其提前10～15d成熟，保障了玉米的产量和品质（匡恩俊等，2017；方旭飞等，2017；张士义等，2011）。近年来，研究发现地温与气温具有良好的相关性（张威和纪然，2019），并且地膜覆盖对玉米农田耕作层土壤的增温效果与常规空气增温效果相同（马树庆等，2004，2007）。

本研究统计了已发表的共106组关于东北地区春玉米不同生育阶段地膜覆盖与裸地耕作层土壤温度的有效数据，并进行了回归分析（图4-1）。结果表明：春玉米不同生育阶段地膜覆盖与裸地条件下的耕作层土壤温度存在线性关系。方程达到极显著水平（$P<0.01$），且拟合程度较高（$R^2\geqslant0.78$），表明每一个回归方程都能较好地反映土壤温度的时间变化和特征。相关系数最高的处理为抽穗-灌浆期（$R^2=0.9810$），最小的处理为拔节-抽穗期（$R^2=0.7810$）。

地膜覆盖分别平均增加农田耕作层土壤日均温2.4℃（播种-出苗期）、1.6℃（出苗-拔节期）、1.0℃（拔节-抽穗期）、0.5℃（抽穗-灌浆期）、0.5℃（灌浆-成熟期），即在春玉米生育前中期农田耕作层土壤增温幅度较大，在生育后期增温幅度较小。将地膜覆盖与裸地条件下农田耕作层土壤温度之间的模型关系运用到东北地区90个农业气象观测站点，分析得出：东北地区春玉米在地膜覆盖条件下比裸地≥10℃积温分别增加164℃·d（早熟）、174℃·d（中早熟）、188℃·d（中熟）、195℃·d（中晚熟）、203℃·d（晚熟）。随着气温的升高，地膜覆盖条件下农田耕作层土壤温度上升幅度降低，但早熟、中早熟、中熟、中晚熟、晚熟春玉米≥10℃积温的增温幅度仍呈递增的趋势。

二、地膜覆盖对春玉米生育期水分的影响

土壤水分在农作物的生长发育过程中发挥了重要的作用。研究发现，作物耕作层土壤含水量的增减与生育期的降水量呈线性关系（邹文秀等，2011；周景春等，2007）。曲金华（2007）通过分析中国东北地区近52年的土壤水资源量与降水观测资料的关系，建立了不同季节、不同土层的线性统计评估模型，并确定了较好的模拟模式。

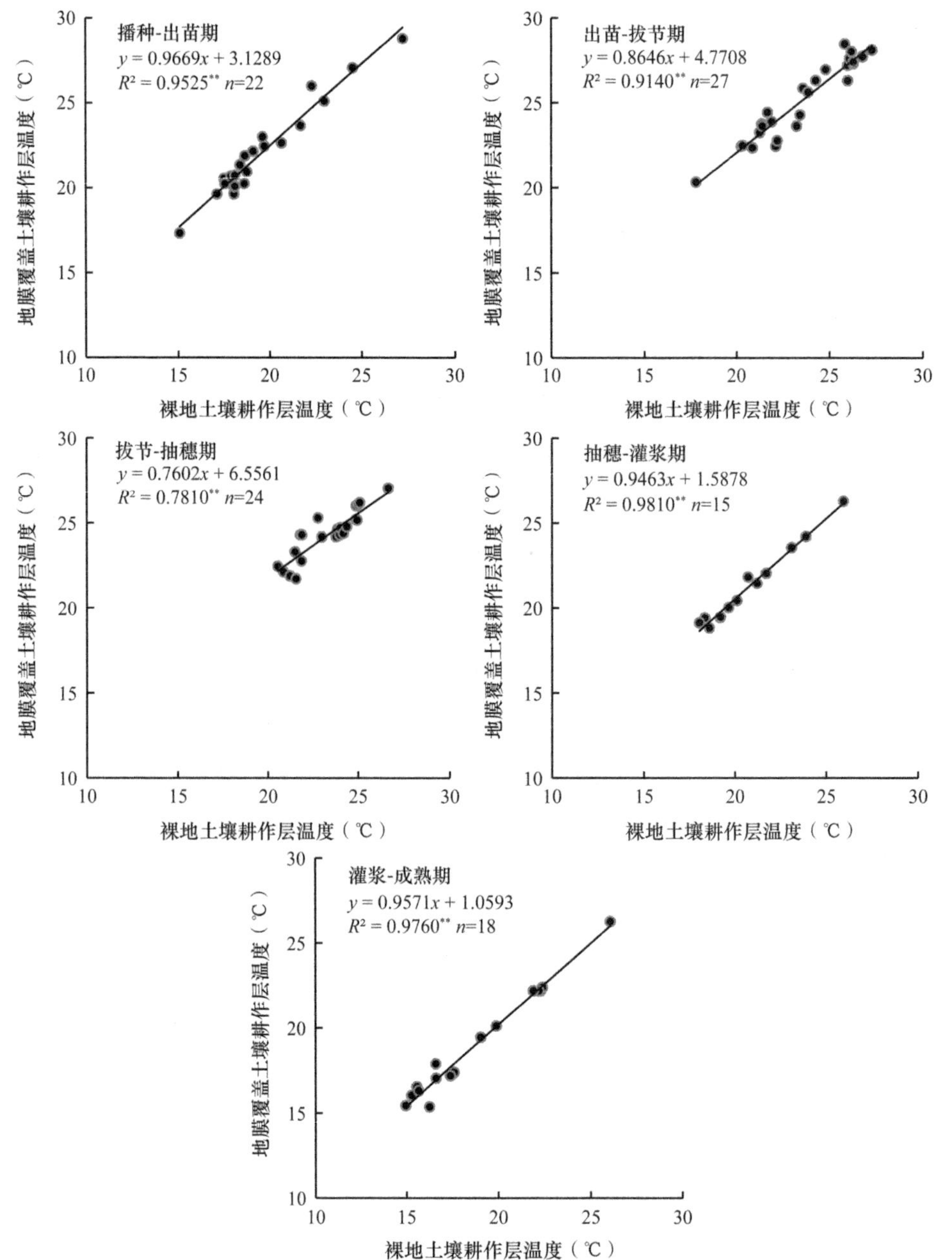

图4-1　东北春玉米不同生育阶段地膜覆盖与裸地耕作层土壤温度关系

本研究统计了已发表的230组关于东北地区春玉米不同生育阶段地膜覆盖与裸地农田耕作层土壤含水量数据，并进行了回归分析，结果如图4-2和图4-3所示。春玉米不同生育阶段地膜覆盖与裸地条件下的农田耕作层土壤含水量存在线性关系。方程达到极显著水平（$P<0.01$），且拟合程度较高（$R^2\geq0.73$），表明每一个回归方程都能较好地反映土壤含水量的时间变化和特点。相关系数最高的处理为抽穗-灌浆期（R^2=0.9519），最小的处理为出苗-拔节期（R^2=0.7344）。将春玉米不同生育阶段

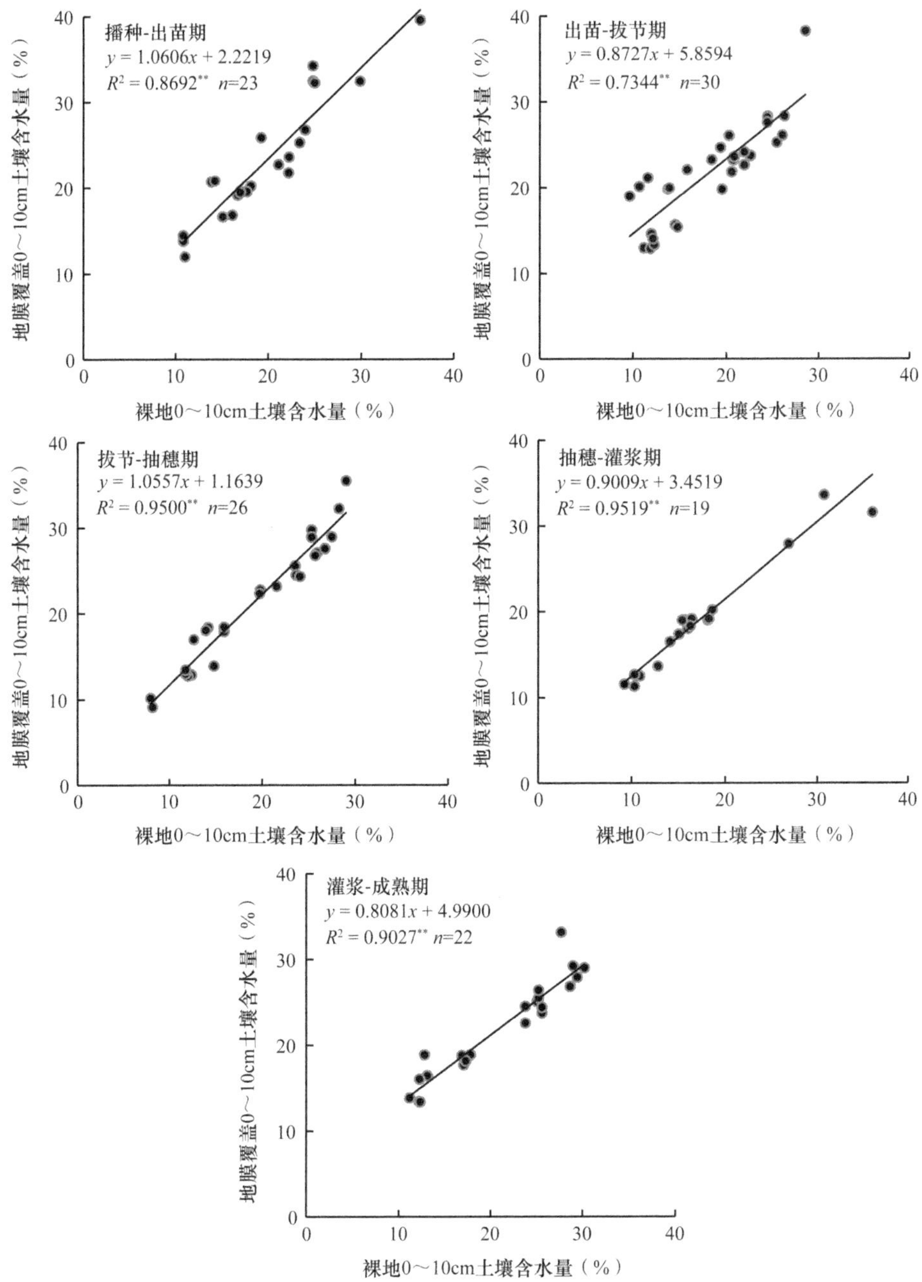

图4-2　东北春玉米不同生育阶段地膜覆盖与裸地0～10cm土壤含水量关系

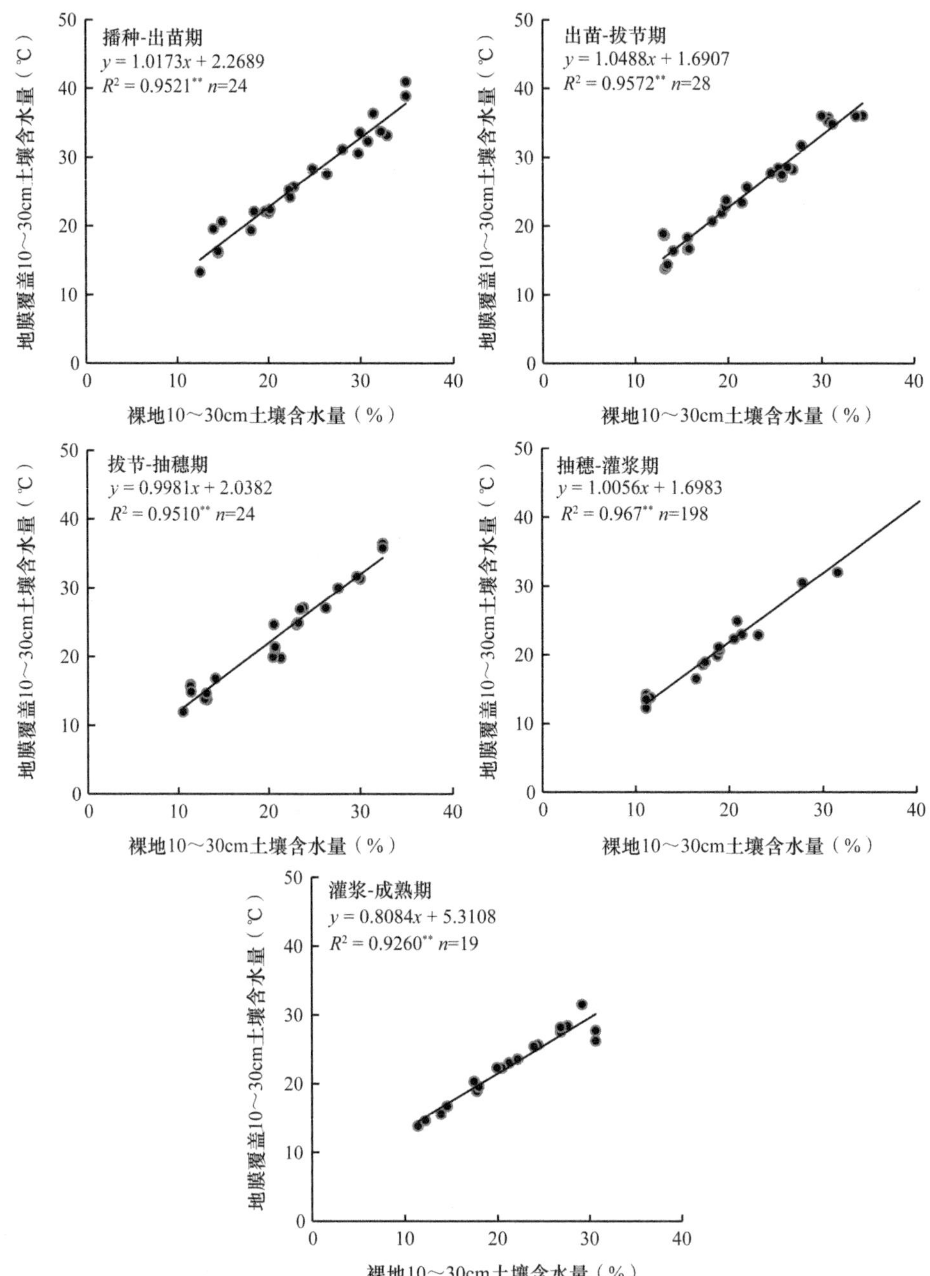

图4-3　东北春玉米不同生育阶段地膜覆盖与裸地10～30cm土壤含水量关系

地膜覆盖与裸地耕作层不同深度土壤含水量代入不同时期降水量与不同土层土壤含水量的关系模型进行计算（$P<0.01$）（曲金华，2007）。由于本研究模拟农田耕作

层地膜覆盖与裸地土壤含水量的线性模型，最后将一元一次方程的系数和常数项进行平均，得到东北地区春玉米不同生育阶段地膜覆盖与裸地之间模拟降水量的线性模型（表4-4）。

表4-4　不同生育阶段地膜覆盖与裸地降水量的线性关系模型

生育阶段	线性模型
播种-出苗期	$W = 1.039a + 3.137$
出苗-拔节期	$W = 0.961a + 1.966$
拔节-抽穗期	$W = 1.027a + 1.620$
抽穗-灌浆期	$W = 0.953a + 1.029$
灌浆-成熟期	$W = 0.808a + 0.108$

注：a代表生育阶段裸地实际降水量（mm/d）；W代表生育阶段地膜覆盖后得到的降水量（mm/d）

如图4-2和图4-3所示，地膜覆盖保持日均农田耕作层土壤含水量比裸地分别多3.1个百分点（播种-出苗期）、3.2个百分点（出苗-拔节期）、2.1个百分点（拔节-抽穗期）、1.7个百分点（抽穗-灌浆期）、1.1个百分点（灌浆-成熟期）。地膜覆盖在春玉米生育前中期保持水分较好，降低了作物遭受气象灾害影响的风险，这与地膜覆盖能够增温的时期类似。但在生育后期，地膜覆盖的保水效果较差。将地膜覆盖与裸地条件下农田耕作层土壤含水量之间的模型关系，运用到东北地区的90个农业气象观测站点。结果表明：东北地区春玉米地膜覆盖保水量分别比裸地多162mm（早熟）、169mm（中早熟）、196mm（中熟）、195mm（中晚熟），193mm（晚熟）。随着春玉米生育期降水量的上升，地膜覆盖保水量的上升幅度降低。但不同品种的播种期和收获期不同，造成在中熟品种之后保水性能没有明显差异。

三、地膜覆盖对春玉米产量的影响

地膜覆盖技术的应用保障了我国农作物的产量和品质（Gao et al.，2019a），使我国北方春玉米产量增长31%（Gao et al.，2019b）。研究发现，东北地区常规春玉米产量与当地积温存在线性关系，并构建了地膜覆盖春玉米增产率与温度亏缺指数的经验模型（分段线性关系），但由于试验点和试验数据有限，模型存在一定的误差（马树庆，1996；马树庆等，2007）。

基于前人的研究成果，本研究统计了已发表的关于东北春玉米地膜覆盖产量的相关文献，共获得地膜覆盖与裸地条件下有效产量数据188组。其中，文献中记录多次但只显示平均值的数据，在本研究中计为一组数据。将东北春玉米产量与≥10℃积温数据进行回归分析，结果如图4-4所示，东北春玉米裸地条件下的产量与≥10℃

积温存在线性关系，该方程达到了极显著水平（$P<0.01$）。同时，本研究构建了东北地区不同熟期类型春玉米地膜覆盖条件下增产率与温度亏缺指数的相关模型，如表4-5所示，各模型均达到了极显著的关系（$P<0.01$）。

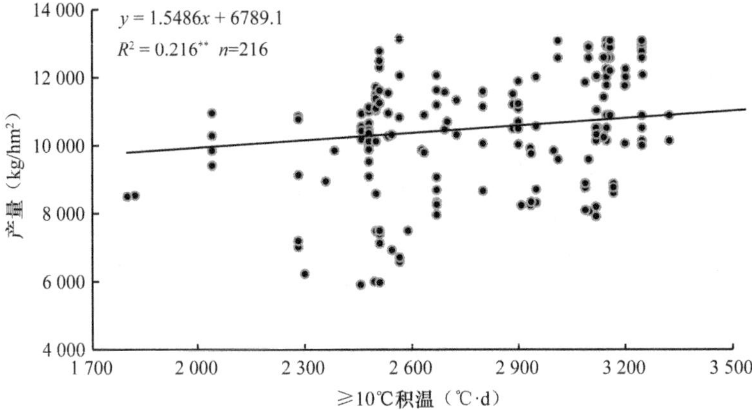

图4-4　东北春玉米产量与≥10℃积温的关系

表4-5　东北春玉米地膜覆盖下增产率与温度亏缺指数相关模型

品种熟制	相关模型	显著性
早熟品种	$\Delta_x=\begin{cases}0 & AT_1<1730\\ 26.094+0.437\times CTDI_1 & 1730\leqslant AT_1\leqslant 2100\\ 0 & AT_1>2100\end{cases}$	（$R^2=0.966$，$P<0.01$）
中早熟品种	$\Delta_x=\begin{cases}0 & AT_2<1920\\ 22.456+0.434\times CTDI_2 & 1920\leqslant AT_2\leqslant 2300\\ 0 & AT_2>2300\end{cases}$	（$R^2=0.980$，$P<0.01$）
中熟品种	$\Delta_x=\begin{cases}0 & AT_3<2110\\ 16.702+0.445\times CTDI_3 & 2110\leqslant AT_3\leqslant 2650\\ 0 & AT_3>2650\end{cases}$	（$R^2=0.974$，$P<0.01$）
中晚熟品种	$\Delta_x=\begin{cases}0 & AT_4<2450\\ 14.578+0.428\times CTDI_4 & 2450\leqslant AT_4\leqslant 2800\\ 0 & AT_4>2800\end{cases}$	（$R^2=0.960$，$P<0.01$）
晚熟品种	$\Delta_x=\begin{cases}0 & AT_5<2600\\ 8.945+0.459\times CTDI_5 & 2600\leqslant AT_5\leqslant 3200\\ 0 & AT_5>3200\end{cases}$	（$R^2=0.958$，$P<0.01$）

注：Δ_x代表地膜覆盖条件下春玉米产量比裸地条件下春玉米产量增加的百分比（%）；AT_1～AT_5分别代表早熟、中早熟、中熟、中晚熟、晚熟春玉米整个生育期≥10℃积温；$CTDI_1$～$CTDI_5$分别代表早熟、中早熟、中熟、中晚熟、晚熟春玉米整个生育期温度亏缺指数；不同熟期类型春玉米的增产率和温度亏缺指数之间都存在分段线性关系，受当地≥10℃积温的限制，增产率存在最大值和最小值，最大值出现在早熟春玉米，为34%，最小值出现在任一熟期类型，为0

第三节　春玉米地膜覆盖适宜性指数和分区

一、春玉米地膜覆盖生态适宜性特征

（一）生态适宜性分区标准和指数计算

春玉米地膜覆盖生态适宜性指在地膜覆盖条件下春玉米对生态环境（温度、光照、水分等）的需求标准与作物实际成长环境的匹配程度。作物受到的冷害、热害程度可以用作物温度亏缺指数来表示；作物受到的旱害、涝害程度可以用作物水分亏缺指数来表示。根据春玉米地膜覆盖生态适宜性指标（温度亏缺指数和水分亏缺指数）的计算结果，综合前人对温度亏缺指数和水分亏缺指数的等级划分（董秋婷等，2011；李秀芬等，2017；张淑杰等，2013），考虑到东北地区地膜覆盖带来的增温保水效果主要发生在春玉米生育前中期，对温度亏缺指数和水分亏缺指数在适宜性和非适宜性方面进行划分，并将其代入生态适宜性模型计算，得到春玉米生态适宜性标准。温度亏缺指数和水分亏缺指数都已进行无量纲化处理，其划分标准见表4-6。

表4-6　东北地区春玉米温度亏缺指数和水分亏缺指数（%）划分标准

指标	等级划分	早熟	中早熟	中熟	中晚熟	晚熟
温度亏缺指数	适宜	50～66	41～56	21～46	17～26	0～22
	非适宜	0～50，66～100	0～41，56～100	0～21，46～100	0～17，26～100	22～100
水分亏缺指数	适宜	0～68	0～67	0～67	0～68	0～70
	非适宜	68～100	67～100	67～100	68～100	70～100

将从各气象站点得到的温度亏缺指数和水分亏缺指数（地膜覆盖和裸地）代入生态适宜性模型，进行无量纲化处理，得到指数值（地膜覆盖和裸地）。结合生态适宜性标准范围，借助GIS插值技术分别获得东北地区不同熟期类型春玉米在地膜覆盖和不覆盖条件下的生态适宜区划。地膜覆盖与裸地条件下同一熟期类型春玉米生态适宜区划在东北地区变化相似，根据春玉米地膜覆盖不同生态适宜区的描述（张山清等，2018；普宗朝和张山清，2018），为了求得春玉米地膜覆盖中适宜区，将地膜覆盖和裸地条件下的生态适宜区域进行栅格化叠加，确定春玉米地膜覆盖技术生态适宜性区划，形成不同适宜区的适宜性指数范围，实现东北地区春玉米地膜覆盖生态适宜性空间化，求取平均值即为该点的春玉米地膜覆盖生态适宜性指数。综合考虑计算出的阈值和实际应用中的方便，我们确定了东北地区春玉米地膜覆盖生态适宜性指数范围，如表4-7所示。

表4-7 东北地区春玉米地膜覆盖生态适宜区划分阈值表

区划	适宜区描述	适宜性指数				
		早熟	中早熟	中熟	中晚熟	晚熟
高适宜区	在不覆膜条件下，玉米生长发育需要的环境条件（温度和水分等）无法得到满足，只有采用地膜覆盖才能满足玉米生长发育的环境条件	55～70	50～65	40～60	30～45	25～40
中适宜区	在不覆膜条件下，玉米生长发育需要的环境条件（温度和水分等）基本满足，而地膜覆盖则进一步改善玉米的生态环境	45～55	40～50	25～40	20～30	0～25
不适宜区	在不覆膜条件下，玉米生长发育需要的环境条件（温度和水分等）无法满足，即使采用地膜覆盖也不能满足其生长发育需要的环境条件；或在不覆膜条件下，该地区环境条件能满足玉米生长发育，无须采用地膜覆盖技术	0～45或70～100	0～40或65～100	0～25或60～100	0～20或45～100	40～100

考虑到地理位置对温度和作物需水量的影响，采用多元回归分析+残差插值（multiple regression analysis + residual interpolation，MRA+RI）方法对评价指标进行空间插值计算。将气象站点的温度亏缺指数值和水分亏缺指数值作为因变量，经度、纬度和DEM数据作为自变量，采用多元回归方法建立模型，仅以晚熟品种为例。应用GIS技术分别将东北地区气象站点地理位置信息（经纬度、DEM）形成栅格面，并代入回归模型得到温度亏缺指数和水分亏缺指数的基础栅格面，气象站点的真实值与回归模拟值的差值为残差（张燕卿等，2009）。将基础栅格面与残差值相叠加得到整个东北地区温度亏缺指数和水分亏缺指数栅格面。残差的空间插值方式采用反距离加权法IDW（inverse distance weighted）。

$$y_1 = 1.4220x_1 + 2.9040x_2 + 0.0550x_3 - 282.9230\ (R^2 = 0.840,\ P<0.01) \quad (4\text{-}18)$$

$$y_2 = 1.2410x_1 + 2.5390x_2 + 0.0480x_3 - 254.6610\ (R^2 = 0.840,\ P<0.01) \quad (4\text{-}19)$$

$$y_3 = -4.0540x_1 + 1.4510x_2 - 0.0220x_3 + 497.5610\ (R^2 = 0.539,\ P<0.01) \quad (4\text{-}20)$$

$$y_4 = 1.4220x_1 + 0.0550x_3 - 282.9230\ (R^2 = 0.483,\ P<0.05) \quad (4\text{-}21)$$

式中，x_1、x_2、x_3分别代表经度、纬度和DEM；y_1、y_2、y_3、y_4分别为裸地温度亏缺指数、地膜覆盖条件下温度亏缺指数、裸地水分亏缺指数、地膜覆盖条件下水分亏缺指数。

（二）不同熟期春玉米生态适宜分区

早熟春玉米地膜覆盖高适宜区的适宜性指数范围在55～70，主要分布在内蒙古自治区呼伦贝尔市大部，兴安盟、赤峰市部分，黑龙江省大兴安岭地区大部，在黑龙江省牡丹江市、吉林省延边朝鲜自治州、白山市有小部。早熟春玉米地膜覆盖高适宜区较不采用地膜覆盖适宜区向北移动。中适宜区的适宜性指数范围在45～55，主要分布在内蒙古自治区呼伦贝尔市、兴安盟、赤峰市部分，黑龙江省大兴安岭地区和黑河市部分，在东北其他地区有零星分布。不适宜区的适宜性指数范围在0～45或70～100，主要分布在内蒙古自治区赤峰市和通辽市大部、呼伦贝尔市和兴安盟部分，黑龙江省大部（除大兴安岭和黑河市部分），吉林省大部，辽宁省全部。

中早熟春玉米地膜覆盖高适宜区的适宜性指数范围在50～65，主要分布在内蒙古自治区呼伦贝尔市和黑龙江省的大兴安岭地区，内蒙古自治区兴安盟和赤峰市、黑龙江省的黑河市存在部分，黑龙江省伊春市、鹤岗市、牡丹江市和吉林省延边朝鲜自治州、白山市存在小部。中早熟春玉米品种地膜覆盖高适宜区较不采用地膜覆盖适宜区向北移动，比早熟春玉米地膜覆盖高适宜区面积增大，且高适宜区向南移动。中适宜区的适宜性指数范围在40～50，主要分布在黑龙江省的黑河市和伊春市，其他地区存在部分，内蒙古自治区东部三市一盟、吉林省部分地区也存在部分，辽宁省有零星分布。不适宜区的适宜性指数范围在0～40或65～100，主要分布在内蒙古自治区通辽市大部、呼伦贝尔市、兴安盟和赤峰市部分，黑龙江省大部（除大兴安岭地区、黑河市、伊春市全部，伊春市、牡丹江市部分），吉林省大部（除延边朝鲜自治州和白山市部分），辽宁省全部。

中熟春玉米地膜覆盖高适宜区的适宜性指数范围在40～60，主要分布在内蒙古自治区东部三市一盟北部及中西部地区，黑龙江省西北地区，主要为黑河市、伊春市大部，大兴安岭地区、牡丹江市部分，鹤岗市、七台河市、鸡西市、双鸭山市有零星分布，吉林省的延边朝鲜自治州、白山市大部，通化市部分，黑龙江省的哈尔滨市、吉林省的吉林市和辽宁省的部分地区有零星分布。中熟春玉米地膜覆盖高适宜区比早熟和中早熟春玉米地膜覆盖面积增大，也向南移动。中适宜区的适宜性指数范围在25～40，主要分布在黑龙江省和吉林省的大部和内蒙古自治区兴安盟与通辽市，在辽宁省朝阳市、葫芦岛市、抚顺市、本溪市存在部分，其他地区存在零星分布。不适宜区的适宜性指数范围在0～25或60～100，主要分布在内蒙古自治区呼伦贝尔市大部、兴安盟小部，黑龙江省大兴安岭地区部分，吉林省四平市和长春市小部，辽宁省大部（除本溪市、抚顺市、阜新市、朝阳市、葫芦岛市部分）。

中晚熟春玉米地膜覆盖高适宜区的适宜性指数范围在30～45，主要分布在内蒙古自治区东部三市一盟东北部、中部及西南地区，黑龙江省的大部分地区（除去黑河市、伊春市、大庆市、绥化市、哈尔滨市、鹤岗市部分），吉林省的东北部地区，辽宁省部分地区存在零星分布。中晚熟春玉米品种地膜覆盖高适宜区向南移动。中适宜区的适宜性指数范围在20～30，主要分布在内蒙古自治区通辽市，黑龙江省的大庆市、哈尔滨市，吉林省的白城市、松原市、四平市、辽源市，辽宁省的阜新市、朝阳市、葫芦岛市、铁岭市、抚顺市、丹东市、鞍山市，在其他地区有零星分布。不适宜区的适宜性指数范围在0～20或45～100，主要分布在内蒙古自治区呼伦贝尔市大部、兴安盟和赤峰市部分，黑龙江省大兴安岭地区大部（其他地区零星分布），吉林省有零星分布，辽宁省辽阳市、盘锦市、沈阳市大部，营口市、锦州市、大连市部分。

晚熟春玉米地膜覆盖高适宜区的适宜性指数范围在25～40，主要分布在内蒙古自治区东部三市一盟东北部、中部及南部，黑龙江省大部（除大兴安岭地区、黑河市、伊春市大部，牡丹江市部分），吉林省大部（除长春市和四平市部分），辽宁省东部。晚熟春玉米品种地膜覆盖高适宜区向南移动。中适宜区的适宜性指数范围在0～25，主要分布在吉林省的四平市，辽宁省的葫芦岛市、锦州市、盘锦市、铁岭市、辽阳市、沈阳市、营口市、大连市等，在其他地区有零星分布。不适宜区的适宜性指数范围在40～100，主要分布在内蒙古自治区呼伦贝尔市大部、兴安盟部分、赤峰市小部，黑龙江省大兴安岭地区全部，黑河市、伊春市大部，牡丹江市部分（其他地区零星分布），吉林省白山市、延边朝鲜自治州部分（其他地区零星分布）。

东北地区不同熟期类型春玉米地膜覆盖生态适宜区的适宜性指数范围不同。高适宜区：早熟在55～70，中早熟在50～65，中熟在40～60，中晚熟在30～45，晚熟在25～40。中适宜区：早熟在45～55，中早熟在40～50，中熟在25～40，中晚熟在20～30，晚熟在0～25。不适宜区：早熟在0～45或70～100，中早熟在0～40或65～100，中熟在0～25和60～100，中晚熟在0～20或45～100，晚熟在40～100。不同熟期类型春玉米生态适宜区的适宜性指数范围不同，主要是因为不同熟期类型春玉米的温度亏缺指数和水分亏缺指数标准不同（董秋婷等，2011；李秀芬等，2017）。从早熟春玉米到晚熟春玉米，地膜覆盖生态高适宜区和中适宜区上边界和下边界南移，主要是因为不同熟期类型春玉米对温度和水分的需求不同，东北地区南部热量资源和水分资源比北部地区更加丰富。除东北地区西部的部分县市，大部分地区的水分亏缺指数都在不同熟期类型春玉米地膜覆盖的标准范围内。针对东北地区易发生春旱的现象，春季采用地膜覆盖在一定程度上保障了作物正常生长发育。

通过提前播种或更换生育期较长、生产潜力较高的熟期类型是应对气候变化的有效措施（Liu et al.，2013）。近60年，气候变暖导致东北地区春玉米生育期热量资源增多（刘志娟等，2009），≥10℃积温增加200～400℃·d（李正国等，2011）。地膜覆盖技术的应用使得东北地区春玉米的可种植北界明显北移，使得原来不可种植区变成可种植区（白彩云等，2011），跨熟期种植现象明显增多，地膜覆盖技术的应用使作物种植适宜区发生显著变化（马树庆等，2007）。结合本研究地膜覆盖的生态效益和生态适宜性模型，得到地膜覆盖条件下不同熟期类型春玉米的适宜区划。东北地区春玉米地膜覆盖适宜性的分布趋势与前人基于试验研究种植区划得到的结果相似（匡恩俊等，2017；方旭飞等，2017；张琳琳等，2018；Wang et al.，

2014），这表明本研究量化的地膜覆盖生态效益和得到的适宜区划分具有较高的可靠性，进而探明了东北地区春玉米地膜覆盖生态适宜性的空间分布特征，在高适宜区可增加地膜使用量，在中适宜区根据当地实际生态环境和经济效益科学合理地使用地膜覆盖技术，不适宜区应减少使用地膜。

在东北地区春玉米地膜覆盖生态高适宜区内，绝大多数年份温度亏缺指数和水分亏缺指数都在春玉米地膜覆盖的标准范围之内，降低了春玉米在生育期内遭受干旱、冻害等气象灾害的风险。加上地膜覆盖提高温度，阻挡蒸发，改善耕作层质量，抑制杂草生长等优点（Luo et al.，2010），可满足不同熟期类型春玉米在生育期内所需的生态环境，有利于提高产量和品质。同时避免了地膜覆盖在春玉米种植上滥用、泛用现象的发生。因此，高适宜区为采用地膜覆盖技术最理想的发展区域。地膜覆盖增温保水的功效，使原来适宜的南部地区，超过春玉米地膜覆盖的适宜范围而变成了中适宜区和不适宜区；东北地区北部受地膜覆盖带来的有利影响，部分地区达到适宜的春玉米生长发育条件，由原来不适合种植春玉米的区域变为适合，造成春玉米地膜覆盖适宜区较不采用地膜覆盖适宜区向北偏移。

在地膜覆盖中适宜区内，不采用地膜覆盖技术即能满足春玉米生长所需条件，但采用地膜覆盖技术避免了春玉米在生长发育期间遭受气象灾害的影响，有利于改善生长环境。东北地区南部，春玉米生育期≥10℃积温较高，干旱、冻害等气象灾害发生频率小，自然条件可满足不同熟期类型春玉米的生长需求，若采用地膜覆盖技术，造成资源的浪费，变成地膜覆盖生态不适宜区。但由于不同熟期类型春玉米所需温度和水分不同，中晚熟和晚熟春玉米即使在黑龙江地区采用地膜覆盖，也不能达到春玉米生育期间所需的环境条件，成为地膜覆盖生态不适宜区。东北地区春玉米地膜覆盖生态中适宜区中不同熟期类型春玉米中所占面积不同，主要原因是不同熟期类型春玉米的温度亏缺指数标准范围不同。

二、春玉米地膜覆盖经济适宜性特征

（一）经济适宜性分区标准和指数计算

春玉米地膜覆盖经济适宜性是指在地膜覆盖条件下种植春玉米获得的纯收益与当地经济效益的匹配程度。结合东北地区春玉米地膜覆盖经济适宜性的指标（经济效益增量和产投比），综合考虑东北地区春玉米生产水平和经济收入潜力，对经济效益增量和产投比划分为适宜、较适宜、不适宜三个层次，最后确定经济效益增量＞2000元/hm^{2}为经济效益适宜，经济效益增量在1500～2000元/hm^{2}为经济效益较适宜，经济效益增量＜1500元/hm^{2}为经济效益不适宜。当产投比≥1时，资金使用效率良好，应采用地膜覆盖技术；当产投比＜1时，资金使用效率较差，应放弃使用地膜覆盖技术。

将从各气象站点得到的经济效益增量和产投比（地膜覆盖和裸地）代入经济适宜性模型，进行无量纲化处理，得到指数值（地膜覆盖和裸地）。结合经济适宜性标准范围，借助GIS插值技术分别获得东北地区不同熟期类型春玉米在地膜覆盖和不覆盖条件下的经济适宜区划。受地膜覆盖增产率与温度亏缺指数相关模型的影响，地膜覆盖下的无量纲化经济效益值和产投比值变化不规律。因此，我们根据裸地条件下的经济效益增量和产投比进行适宜区域的划分。裸地条件下的经济适宜性指数即为该点的春玉米地膜覆盖经济适宜性指数。根据不同经济指标适宜性的描述，结合经济适宜性评价模型，进行分级处理，确定春玉米地膜覆盖经济适宜区划。综合考虑计算出的阈值和实际应用中的方便，我们确定了东北地区春玉米地膜覆盖经济适宜的指数范围，如表4-8所示。

表4-8　东北地区春玉米地膜覆盖经济适宜区划分阈值表

区划	价格（元/kg）	适宜性指数				
		早熟	中早熟	中熟	中晚熟	晚熟
高适宜区	1.8	40～60	30～50	35～45	无	无
中适宜区		无	无	25～35	25～30	无
不适宜区		0～40 或60～100	0～30 或50～100	0～25 或45～100	0～25 或30～100	0～100
高适宜区	2.2	40～65	35～55	25～50	25～35	无
中适宜区		无	无	20～25	20～25	20～30
不适宜区		0～40 或65～100	0～35 或55～100	0～20 或50～100	0～20 或35～100	0～20 或30～100

经济评价指标采用普通克里金法（Ordinary Kriging）进行栅格化插值（翟治芬等，2012）。其插值公式为

$$Z=\sum_{i=1}^{n}\varphi_i Z(x_i) \tag{4-22}$$

式中，Z为未知点x的预测值；$Z(x_i)$为测量点x的真实值；φ_i为测量值对预测值影响程度的系数；i为不同站点编号。

（二）不同熟性春玉米经济适宜分区

早熟春玉米（收购价格为1.8元/kg）地膜覆盖高适宜区的适宜性指数范围在40～60，主要分布在内蒙古自治区呼伦贝尔市大部、兴安盟部分，黑龙江省大兴安岭地区、黑河市、伊春市部分，在黑龙江省牡丹江市、吉林省延边朝鲜自治州和白山市有小部。东北地区早熟春玉米不存在地膜覆盖中适宜区。不适宜区的适宜性指数范围在0～40或60～100，主要分布在内蒙古自治区呼伦贝尔市北部、兴安盟部

分、赤峰市和通辽市全部，黑龙江省大部（除大兴安岭地区、黑河市、伊春市及牡丹江市部分），吉林省大部（除延边朝鲜自治州和白山市部分），辽宁省全部。

早熟春玉米（收购价格为2.2元/kg）地膜覆盖高适宜区的适宜性指数范围在40～65，主要分布在内蒙古自治区呼伦贝尔市大部，兴安盟、赤峰市部分，黑龙江省黑河市全部，大兴安岭地区、伊春市、鹤岗市、齐齐哈尔市、绥化市部分，在黑龙江省牡丹江市、佳木斯市、七台河市和吉林省延边朝鲜自治州、白山市有小部。东北地区早熟春玉米不存在地膜覆盖中适宜区。不适宜区的适宜性指数范围在0～40或65～100，主要分布在内蒙古自治区通辽市全部，兴安盟、赤峰市部分，黑龙江省大庆市、哈尔滨市全部，齐齐哈尔市、绥化市、七台河市、双鸭山市、鸡西市、牡丹江市大部，吉林省大部（除延边朝鲜自治州和白山市部分，吉林市和通化市零星分布），辽宁省全部。

研究发现，东北地区早熟春玉米收购价格由1.8元/kg提高到2.2元/kg时，地膜覆盖高适宜区下边界南移，黑龙江省东南部有碎片状区域由不适宜区变为高适宜区。总体来说，地膜覆盖高适宜区面积增大。

中早熟春玉米（收购价格为1.8元/kg）地膜覆盖高适宜区的适宜性指数范围在30～50，主要分布在内蒙古自治区呼伦贝尔市、兴安盟、赤峰市部分，黑龙江省大部（除大兴安岭地区、齐齐哈尔市、绥化市、大庆市、哈尔滨市部分），在吉林省延边朝鲜自治州、吉林市、白山市存在部分。东北地区中早熟春玉米品种不存在地膜覆盖中适宜区。不适宜区的适宜性指数范围在0～30或50～100，主要分布在内蒙古自治区呼伦贝尔市大部、兴安盟和赤峰市部分、通辽市全部，黑龙江省的齐齐哈尔市、绥化市、大庆市、哈尔滨市大部，七台河市和牡丹江市部分，吉林省大部（除吉林市、通化市部分，延边朝鲜自治州和白山市全部），辽宁省全部。

中早熟春玉米（收购价格为2.2元/kg）地膜覆盖高适宜区的适宜性指数范围在35～55，主要分布在内蒙古自治区呼伦贝尔市、兴安盟、赤峰市部分，黑龙江省大部（除去大兴安岭地区、齐齐哈尔市、绥化市、大庆市、哈尔滨市、牡丹江市、鸡西市部分），在吉林省延边朝鲜自治州、白山市、吉林市、通化市存在部分。东北地区中早熟春玉米不存在地膜覆盖中适宜区。不适宜区的适宜性指数范围在0～35或55～100，主要分布在内蒙古自治区呼伦贝尔市、兴安盟和赤峰市部分，通辽市全部，黑龙江省的大兴安岭地区、齐齐哈尔市、绥化市、大庆市、哈尔滨市大部，鸡西市和牡丹江市部分，吉林省大部（除延边朝鲜自治州、白山市、吉林市、通化市部分），辽宁省全部。

研究发现，东北地区中早熟春玉米收购价格由1.8元/kg提高到2.2元/kg时，地膜覆盖高适宜区上边界保持不变，下边界南移。总体来说，地膜覆盖高适宜区面积增大，不适宜区面积减小。

中熟春玉米（收购价格为1.8元/kg）地膜覆盖高适宜区的适宜性指数范围在

35～45，主要分布在内蒙古自治区东部三市一盟部分区域，黑龙江省的北部和延边地区，主要在黑河市、伊春市、鹤岗市及延边地区的鸡西市、牡丹江市大部，吉林省的延边朝鲜自治州和白山市部分。中适宜区的适宜性指数范围在25～35，主要分布在内蒙古自治区兴安盟、赤峰市部分，黑龙江省齐齐哈尔市、大庆市、绥化市、哈尔滨市、牡丹江市、七台河市、双鸭山市、佳木斯市大部，吉林省的长春市、吉林市、辽源市、通化市大部，辽宁省的抚顺市、本溪市、丹东市部分。不适宜区的适宜性指数范围在0～25或45～100，主要分布在内蒙古自治区呼伦贝尔市和通辽市大部、兴安盟和赤峰市部分，黑龙江省大兴安岭地区大部，黑河市、大庆市及牡丹江市部分，吉林省白城市、四平市大部，松原市全部，延边朝鲜自治州和白山市部分，辽宁省大部（除抚顺市、丹东市部分，本溪市全部）。

中熟春玉米（收购价格为2.2元/kg）地膜覆盖高适宜区的适宜性指数范围在25～50，主要分布在内蒙古自治区呼伦贝尔市、兴安盟、赤峰市、通辽市部分，黑龙江省大部（除大兴安岭地区、黑河市、伊春市部分），吉林省大部（除四平市、通化市部分），辽宁省抚顺市、本溪市、丹东市部分。中适宜区的适宜性指数范围在20～25，主要分布在内蒙古自治区通辽市部分，吉林省的四平市、通化市部分，辽宁省的铁岭市、辽源市、抚顺市部分。不适宜区的适宜性指数范围在0～20或50～100，主要分布在内蒙古自治区呼伦贝尔市大部，黑龙江省大兴安岭地区大部，黑河市和伊春市部分，辽宁省大部（除铁岭市、抚顺市、丹东市、本溪市部分）。

研究发现，东北地区中熟春玉米收购价格由1.8元/kg提高到2.2元/kg时，地膜覆盖高适宜区的下边界南移到内蒙古自治区通辽-吉林四平-辽宁本溪一线；中适宜区由黑龙江省中南部、吉林省北部缩减且南移到内蒙古自治区通辽和辽宁铁岭地区；南部不适宜区的上边界由吉林省白城-松原-吉林一线南移到辽宁省锦州-沈阳-丹东一线。总体来说，地膜覆盖高适宜区面积增大，中适宜区和不适宜区面积减少。

东北地区中晚熟春玉米（收购价格为1.8元/kg）不存在地膜覆盖高适宜区。中适宜区的适宜性指数范围在25～30，主要分布在内蒙古自治区赤峰市和兴安盟部分，黑龙江省的齐齐哈尔市、大庆市、绥化市、哈尔滨市部分，吉林省的长春市、吉林市、辽源市、通化市部分，辽宁省的抚顺市和本溪市部分。不适宜区的适宜性指数范围在0～25或30～100，主要分布东北地区大部（除内蒙古自治区兴安盟和赤峰市小部，黑龙江省的大庆市、齐齐哈尔市、绥化市、哈尔滨市部分，吉林省长春市、吉林市、辽源市、通化市部分，辽宁省抚顺市、本溪市部分）。

中晚熟春玉米（收购价格为2.2元/kg）地膜覆盖高适宜区的适宜性指数范围在25～35，主要分布在内蒙古自治区赤峰市和兴安盟部分，黑龙江省大庆市、哈尔滨市、鸡西市、牡丹江市部分，吉林市大部（除四平市、辽源市、延边朝鲜自治州部分），辽宁省抚顺市、本溪市部分。中适宜区的适宜性指数范围在20～25，主要分布在内蒙古自治区通辽市部分，吉林省的四平市、辽源市部分，辽宁省铁岭市，其他地区有零星分布。不适宜区的适宜性指数范围在0～20或35～100，主要分布在内蒙古自治区呼伦贝尔市全部，兴安盟、赤峰市部分，黑龙江省大部（除大庆市、哈尔滨市、鸡西市、牡丹江市部分），吉林省延边朝鲜自治州部分，辽宁大部。

研究发现，东北地区中晚熟春玉米收购价格由1.8元/kg提高到2.2元/kg时，在内蒙古自治区赤峰、兴安盟及黑龙江省南部、吉林省中部及西部、辽宁省东北部出现地膜覆盖高适宜区；中适宜区由内蒙古自治区赤峰、兴安盟-黑龙江省大庆、哈尔滨一带南移到辽宁省朝阳-内蒙古自治区兴安盟-吉林省四平地区；北部不适宜区下边界几乎不变，南部不适宜区上边界由内蒙古自治区赤峰-吉林省白城-松原-吉林一线南移到辽宁省朝阳-阜新-铁岭-抚顺一线。总体来说，地膜覆盖高适宜区面积增大，不适宜区面积减小。

在东北地区，如果春玉米收购价格为1.8元/kg，晚熟春玉米应用地膜覆盖技术不合算，属于经济不适宜区。

晚熟春玉米（收购价格为2.2元/kg）地膜覆盖中适宜区的适宜性指数范围在20～30，主要分布在内蒙古自治区赤峰市和通辽市部分，吉林省大部（除吉林市、延边朝鲜自治州、白山市、通化市部分），辽宁省的铁岭市、抚顺市、本溪市部分。不适宜区的适宜性指数范围在0～20或30～100，主要分布东北地区大部。东北地区中晚熟春玉米不存在地膜覆盖高适宜区。

研究发现，东北地区晚熟春玉米收购价格由1.8元/kg提高到2.2元/kg时，仍然不存在地膜覆盖高适宜区；在内蒙古自治区赤峰市、通辽市，吉林省中部及西部，辽宁省东北部出现中适宜区。总体来说，地膜覆盖中适宜区面积增大，不适宜区面积减小。

在同一春玉米收购价格的情况下，受到经济效益增量和产投比无量纲化数值的影响，东北地区不同熟期类型春玉米地膜覆盖经济适宜区的适宜性指数范围不同。不同熟期类型春玉米地膜覆盖经济适宜区的位置变化规律和地膜覆盖生态适宜区基本相同。地膜覆盖的经济适宜性受到地膜覆盖技术投入成本和春玉米收购价格的影响，如果成本增加，春玉米收购价格降低，则东北地区春玉米地膜覆盖经济适宜区将会出现缩减，面积减少，反之，则会增大。例如，东北地区中熟春玉米收购价格由1.8元/kg提高到2.2元/kg时，地膜覆盖经济高适宜区上边界基本不动，下边界南移，面积增大。

虽然东北地区春玉米地膜覆盖经济适宜区的变化与区域增产的变化趋势相近，但由于东北各地区≥10℃积温和常规春玉米单产潜力不同，又存在一定差别。研究发现，2019年东北地区春玉米收购价格为1.8元/kg，不同熟期类型春玉米地膜覆盖的产投比都符合标准要求，造成春玉米地膜覆盖经济适宜性区划主要受到经济效益增量的影响，这可能与玉米种植过程中投入和产出的经济价值有关。东北地区春玉米提前播种可增产约4%，而选择生育期较长的品种可增产13%～38%（赵锦等，2014）。早熟春玉米在≥10℃积温为1730℃·d时经济效益增量最高，为3283.41元/hm^2。常规产量为8338.89kg/hm^{2}时，地膜覆盖的增产率为33.87%。中早熟春玉米在≥10℃积温为1920℃·d时经济效益增量最高，为2859.61元/hm^2。常规产量为8737.70kg/hm^{2}时，地膜覆盖的增产率为29.63%。中熟春玉米在≥10℃积温为2110℃·d时经济效益增量最高，为2438.05元/hm^2。常规产量为9136.51kg/hm^{2}时，地膜覆盖的增产率为25.77%。中晚熟春玉米在≥10℃积温为2450℃·d时经济效益增量最高，为1733.30元/hm^2，效益不明显。常规产量为9850.17kg/hm^{2}时，地膜覆盖的增产率为19.93%。晚熟春玉米在≥10℃积温为2600℃·d时经济效益增量最高，为1411.36元/hm^2。常规产量为10 165.02kg/hm^{2}时，地膜覆盖的增产率为17.55%，效益不明显。

研究结果显示，东北地区春玉米地膜覆盖经济效益最高值出现在早熟品种，因为地膜覆盖的增温保墒功效完全被作物生产利用而不浪费，较裸地种植春玉米增产率高。在东北地区积温资源相对丰富的地区，应用地膜覆盖后可采用中早熟、中熟、中晚熟春玉米，因熟期品种资源优势，增收幅度较大。然而在采用地膜覆盖技术的高寒地区，≥10℃积温仍低于春玉米需求，导致春玉米不能正常生长，增产不明显，经济效益降低。同时，在超过春玉米所需≥10℃积温的地区，地膜增收效益低，经济效益降低。

基于90个农业气象站点的数据，通过GIS栅格化方法模拟的整个东北地区春玉米地膜覆盖适宜区划区产生了一定的误差，造成早熟春玉米、中早熟春玉米地膜覆盖没有经济中适宜区，中晚熟春玉米地膜覆盖没有高适宜区及晚熟春玉米地膜覆盖没有高适宜区和中适宜区。

三、春玉米地膜覆盖综合适宜性指数和分区

（一）综合适宜性分区标准和指数计算

春玉米地膜覆盖综合适宜性指在综合地膜覆盖技术推广应用与地区生态、经济等方面的匹配程度。将计算得到的东北地区生态适宜性指数和经济适宜性指数代入综合适宜性模型，得到的指数值即为春玉米地膜覆盖综合适宜性指数。结合生态适宜性区划和经济适宜性区划标准求取综合适宜性标准，并进行分级处理，确定春玉米地膜覆盖综合适宜性区划，综合考虑计算出的阈值和实际应用中的方便，我们确定了东北地区春玉米地膜覆盖综合适宜的指数范围，如表4-9所示。

表4-9　东北地区春玉米地膜覆盖综合适宜区划分阈值表

区划	价格（元/kg）	适宜性指数				
		早熟	中早熟	中熟	中晚熟	晚熟
高适宜区	1.8	50～65	40～60	40～55	30～40	无
中适宜区		45～55	35～40	25～40	20～30	25～30
不适宜区		0～45或65～100	0～35或60～100	0～25或55～100	0～20或40～100	0～25或30～100
高适宜区	2.2	50～70	45～60	35～55	30～40	25～30
中适宜区		45～50	40～45	25～35	20～30	10～25
不适宜区		0～45或70～100	0～40或60～100	0～25或55～100	0～20或40～100	0～25或30～100

（二）不同熟期类型春玉米综合适宜分区

早熟春玉米（收购价格为1.8元/kg）地膜覆盖高适宜区的适宜性指数范围在50～65，主要分布在内蒙古自治区呼伦贝尔市大部，兴安盟部分，赤峰市有零星分布，黑龙江省大兴安岭地区大部，吉林省的延边朝鲜自治州和白山市小部。中适宜区的适宜性指数范围在45～50，主要分布在内蒙古自治区呼伦贝尔市、兴安盟和赤峰市部分，黑龙江省大兴安岭地区和黑河市部分，在东北其他地区有零星分布。不适宜区的适宜性指数范围在0～45或65～100，主要分布在内蒙古自治区通辽市全部，赤峰市和兴安盟大部，呼伦贝尔市部分，黑龙江大部（除大兴安岭地区和黑河市部分），吉林省大部（除白山市和延边朝鲜自治州小部），辽宁省全部。

早熟春玉米（收购价格为2.2元/kg）地膜覆盖高适宜区的适宜性指数范围在50～70，主要分布在内蒙古自治区呼伦贝尔市大部，兴安盟、赤峰市部分，黑龙江省大兴安岭地区大部，在东北其他地区零星分布。中适宜区的适宜性指数范围在45～50，主要分布在内蒙古自治区呼伦贝尔市部分，兴安盟和赤峰市零星分布，黑龙江省黑河市部分，在东北其他地区有零星分布。不适宜区的适宜性指数范围在0～45或70～100，主要分布在内蒙古自治区通辽市全部，赤峰市和兴安盟大部，呼伦贝尔市部分，黑龙江省大部（除大兴安岭地区和黑河市部分），吉林省大部，辽宁省全部。

研究发现，东北地区早熟春玉米收购价格由1.8元/kg提高到2.2元/kg时，在内蒙古自治区呼伦贝尔市和黑龙江省大兴安岭地区有碎片状区域由不适宜变为高适宜区，在内蒙古自治区呼伦贝尔市西部有碎片状区域由不适宜和中适宜区变为高适宜区，黑龙江省伊春市有碎片状区域由不适宜变为中适宜区。总体来说，地膜覆盖高适宜区面积增大，中适宜区面积基本不变，不适宜区面积减小。

中早熟春玉米（收购价格为1.8元/kg）地膜覆盖高适宜区的适宜性指数范围在40～60，主要分布在内蒙古自治区呼伦贝尔市和兴安盟部分，赤峰市小部，黑龙江省的黑河市和伊春市大部、大兴安岭和牡丹江市部分、鹤岗市零星分布，吉林省的延边朝鲜自治州和白山市部分。中适宜区的适宜性指数范围在35～40，主要分布在内蒙古自治区呼伦贝尔市、兴安盟和赤峰市部分，黑龙江省的齐齐哈尔市、伊春市、牡丹江市小部，吉林省延边朝鲜自治州和白山市小部，辽宁省有零星分布。不适宜区的适宜性指数范围在0～35或60～100，主要分布在内蒙古自治区通辽市全部，呼伦贝尔市、兴安盟和赤峰市部分，黑龙江省大部（除大兴安岭地区、黑河市、伊春市大部，伊春市、牡丹江市部分，七台河市、鸡西市、双鸭山市小部），吉林省大部（除延边朝鲜自治州和白山市部分，通化市小部），辽宁省全部。

中早熟春玉米（收购价格为2.2元/kg）地膜覆盖高适宜区的适宜性指数范围在45～60，主要分布在内蒙古自治区呼伦贝尔市大部，兴安盟的部分，赤峰市小部，黑龙江省大兴安岭地区、黑河市、伊春市部分，东北其他地区有零星分布。中适宜区的适宜性指数范围在40～45，主要分布在内蒙古自治区兴安盟和赤峰市小部，黑龙江省的黑河市、齐齐哈尔市部分，伊春市和鹤岗市小部，东北其他地区有零星分布。不适宜区的适宜性指数范围在0～40或60～100，主要分布在内蒙古自治区通辽市、呼伦贝尔市、兴安盟和赤峰市部分，黑龙江省中部和南部（除大兴安岭地区、黑河市、伊春市大部，伊春市、牡丹江市小部），吉林省大部（除延边朝鲜自治州和白山市部分，通化市小部），辽宁省全部。

研究发现，东北地区中早熟春玉米收购价格由1.8元/kg提高到2.2元/kg时，在内蒙古自治区呼伦贝尔市和黑龙江省大兴安岭地区有碎片状区域由不适宜变为高适宜区，高适宜区下边界内蒙古自治区赤峰-兴安盟-黑龙江省黑河-伊春一线稍向南移动，中适宜区由内蒙古自治区赤峰-兴安盟-黑龙江省黑河-伊春一带南移。总体来说，高适宜区面积增大，中适宜区面积基本不变，不适宜区面积减小。

中熟春玉米（收购价格为1.8元/kg）地膜覆盖高适宜区的适宜性指数范围在40～55，主要分布在内蒙古自治区呼伦贝尔市西部和东部，兴安盟和赤峰市北部，黑龙江省的西北地区，主要在黑河市、伊春市、牡丹江市大部，大兴安岭地区部分，吉林省的延边朝鲜自治州和白山市大部。中适宜区的适宜性指数范围在25～40，主要分布在内蒙古自治区赤峰市大部，兴安盟和通辽市部分，呼伦贝尔市小部，黑龙江省大部（除黑河市和伊春市大部，大兴安岭地区和牡丹江市部分），吉林省大部（除松原市和四平市大部，延边朝鲜自治州和白山市部分），辽宁省的抚顺市、本溪市部分，其他地区存在零星分布。不适宜区的适宜性指数范围在0～25或55～100，主要分布在内蒙古自治区呼伦贝尔市大部，通辽市部分，兴安盟小部，吉林省松原市、四平市大部，延边朝鲜自治州和白山市小部，辽宁省大部（除朝阳市、抚顺市、本溪市、鞍山市部分）。

中熟春玉米（收购价格为2.2元/kg）地膜覆盖高适宜区的适宜性指数范围在35～55，主要分布在内蒙古自治区呼伦贝尔市西部和东部，兴安盟和赤峰市部分，黑龙江省的黑河市全部，大兴安岭地区、齐齐哈尔市、绥化市、伊春市、鹤岗市、牡丹江市大部，七台河市部分，吉林省的延边朝鲜自治州和白山市大部。中适宜区的适宜性指数范围在25～35，主要分布在内蒙古自治区赤峰市、兴安盟和通辽市部分，黑龙江省大庆市、绥化市、哈尔滨市、佳木斯市、双鸭山市、鸡西市、七台河市部分，牡丹江市小部，吉林省大部（除四平市、吉林市、通化市、延边朝鲜自治州和白山市部分），辽宁省的抚顺市、本溪市部分，其他地区存在零星分布。不适宜区的适宜性指数范围在0～25或35～100，主要分布在内蒙古自治区呼伦贝尔市大部，通辽市部分，兴安盟小部，吉林省四平市部分，辽宁省大部。

研究发现，东北地区中熟春玉米收购价格由1.8元/kg提高到2.2元/kg时，在黑龙江省东部及吉林省东部有碎片状区域由中适宜变为高适宜区，中适宜区上边界由内蒙古自治区赤峰、兴安盟-黑龙江省齐齐哈尔、绥化一带略微南移。总体来说，地膜覆盖高适宜区面积增大，中适宜区面积减小，不适宜区面积基本不变。

中晚熟春玉米（收购价格为1.8元/kg）地膜覆盖高适宜区的适宜性指数范围在30～40，主要分布在内蒙古自治区呼伦贝尔市、兴安盟和赤峰市部分，黑龙江省的大部（除大庆市、绥化市、哈尔滨市、鹤岗市部分），吉林省的吉林市、延边朝鲜自治州、白山市和通化市大部，辽宁省部分地区存在零星分布。中适宜区的适宜性指数范围在20～30，主要分布在内蒙古自治区通辽市、兴安盟部分，黑龙江省的大庆市、哈尔滨市，吉林省的白城市、松原市、四平市、辽源市全部，辽宁省的阜新市、朝阳市、葫芦岛市、铁岭市、抚顺市、本溪市、丹东市、鞍山市大部，在其他地区有零星分布。不适宜区的适宜性指数范围在0～20或40～100，主要分布在内蒙古自治区呼伦贝尔市大部、兴安盟和赤峰市部分，黑龙江省大兴安岭地区、黑河市大部，牡丹江市部分，吉林省的延边朝鲜自治州和白山市部分，辽宁省铁岭市、沈阳市、辽阳市、锦州市、盘锦市、营口市、大连市大部，鞍山市、丹东市、朝阳市、葫芦岛市小部。

中晚熟春玉米（收购价格为2.2元/kg）地膜覆盖高适宜区的适宜性指数范围在30～40，主要分布在内蒙古自治区兴安盟和赤峰市部分，黑龙江省的佳木斯市、双鸭山市全部，齐齐哈尔市、绥化市、大庆市、哈尔滨市、鸡西市、牡丹江市大部，吉林省的吉林市、延边朝鲜自治州、白山市大部，辽宁省部分地区存在零星分布。中适宜区的适宜性指数范围在20～30，主要分布在内蒙古自治区通辽市大部，黑龙江省的大庆市、哈尔滨市部分，吉林省的白城市、松原市、四平市、辽源市全部，吉林市部分，辽宁省的铁岭市、抚顺市、本溪市、丹东市、鞍山市、朝阳市、葫芦岛市部分，在其他地区有零星分布。不适宜区的适宜性指数范围在0～20或40～100，主要分布在内蒙古自治区东部三市一盟大部，黑龙江省大兴安岭地区、黑河市大部，牡丹江市部分，辽宁省大部。

研究发现，东北地区中晚熟春玉米收购价格由1.8元/kg提高到2.2元/kg时，地膜覆盖高适宜区的下边界南移到内蒙古自治区通辽-吉林省白城-黑龙江省大庆、哈尔滨一线。总体来说，地膜覆盖高适宜区面积增大，中适宜区面积减小，不适宜区面积基本不变。

晚熟春玉米（收购价格为1.8元/kg）地膜覆盖中适宜区的适宜性指数范围在25～30，主要分布在内蒙古自治区兴安盟、赤峰市、通辽市部分，黑龙江省的大庆市、齐齐哈尔市、绥化市、哈尔滨市大部，吉林省的吉林市、辽源市大部，长春市部分，辽宁省的抚顺市、本溪市大部，丹东市部分，在其他地区有零星分布。不适宜区的适宜性指数范围在0～25或30～100，主要分布在东北地区大部（除内蒙古自治区兴安盟、赤峰市、通辽市部分，黑龙江省的大庆市、齐齐哈尔市、绥化市、哈尔滨市大部，吉林省的吉林市、辽源市大部，长春市部分，辽宁省的抚顺市、本溪市大部，丹东市部分）。晚熟春玉米品种地膜覆盖没有高适宜区。

晚熟春玉米（收购价格为2.2元/kg）地膜覆盖高适宜区的适宜性指数范围在25～30，主要分布在内蒙古自治区兴安盟、赤峰市、通辽市部分，黑龙江省的鸡西市部分，吉林省的白城市、松原市、长春市大部，四平市部分，辽宁省部分地区存在零星分布。中适宜区的适宜性指数范围在10～25，主要分布在内蒙古自治区通辽市部分，辽宁省大部，在其他地区有零星分布。不适宜区的适宜性指数范围在0～10或30～100，主要分布在东北地区大部。

研究发现，东北地区晚熟春玉米收购价格由1.8元/kg提高到2.2元/kg时，在内蒙古自治区赤峰、通辽一带及吉林省中部及西部出现高适宜区，中适宜区由内蒙古自治区赤峰-吉林省白城-黑龙江省大庆、哈尔滨一带南移到内蒙古自治区通辽地区及辽宁省（除大连地区），南部不适宜区的上边界由内蒙古自治区赤峰-吉林省白城-松原-吉林一线南移到辽宁省营口-大连-丹东一线。总体来说，地膜覆盖高适宜区面积增大，中适宜区面积增大，不适宜区面积减小。

参考文献

白彩云, 李少昆, 柏军华, 等. 2011. 我国东北地区不同生态条件下玉米品种积温需求及利用特征. 应用生态学报, 22(09): 2337-2342.

曹建如. 2007. 旱作农业技术的经济、生态与社会效益评价研究——以河北省为例. 北京: 中国农业科学院博士学位论文.

董秋婷, 李茂松, 刘江, 等. 2011. 近50年东北地区春玉米干旱的时空演变特征. 自然灾害学报, 20(4): 52-59.

方旭飞, 张钟莉, 王丽学, 等. 2017. 不同覆盖方式和种植模式对土壤水热与玉米产量的影响. 节水灌溉, (12): 39-43.

高晓容, 王春乙, 张继权, 等. 2012. 近50年东北玉米生育阶段需水量及旱涝时空变化. 农业工程学报, 28(12): 101-109.

高晓容, 王春乙, 张继权, 等. 2014. 东北地区玉米主要气象灾害风险评价模型研究. 中国农业科学, 47(21): 4257-4268.

何奇瑾, 周广胜. 2012. 我国春玉米潜在种植分布区的气候适宜性. 生态学报, 32(12): 3931-3939.

侯英雨, 张艳红, 王良宇, 等. 2013. 东北地区春玉米气候适宜度模型. 应用生态学报, 24(11): 3207-3212.

纪瑞鹏, 班显秀, 张淑杰. 2004. 辽宁地区玉米作物系数的确定. 中国农学通报, (3): 246-248, 268.
匡恩俊, 宿庆瑞, 迟凤琴, 等. 2017. 不同材料覆盖对玉米生长及水分利用效率影响. 土壤与作物, 6(2): 96-103.
雷波, 姜文来. 2008. 北方旱作区节水农业综合效益评价研究——以山西寿阳为例. 干旱地区农业研究, (2): 134-138.
李彩霞, 陈晓飞, 韩国松, 等. 2007. 沈阳地区作物需水量的预测研究. 中国农村水利水电, (5): 61-64, 67.
李秀芬, 马树庆, 姜丽霞, 等. 2017. 两种常用的春玉米干旱等级指标在东北区域的适用性检验. 气象, 43(11): 1420-1430.
李正国, 杨鹏, 唐华俊, 等. 2011. 气候变化背景下东北三省主要作物典型物候期变化趋势分析. 中国农业科学, 44(20): 4180-4189.
刘志娟, 杨晓光, 王文峰, 等. 2009. 气候变化背景下我国东北三省农业气候资源变化特征. 应用生态学报, 20(9): 2199-2206.
龙海丽. 2015. 基于光照、温度、降水资源分布的东北地区春玉米生产措施研究. 石河子: 石河子大学博士学位论文.
马树庆. 1996. 吉林省农业气候研究. 北京: 气象出版社: 166-200.
马树庆, 王琪, 郭建平, 等. 2007. 东北地区玉米地膜覆盖增温增产效应的地域变化规律. 农业工程学报, (8): 66-71.
马树庆, 王琪, 王春乙, 等. 2004. 地膜覆盖栽培防御东北玉米冷害和霜冻试验. 自然灾害学报, (3): 133-137.
马雅丽, 郭建平. 2018. 近36年东北地区春玉米气候资源利用率评估. 气象与环境科学, 41(2): 1-10.
慕臣英, 梁红, 纪瑞鹏, 等. 2019. 沈阳春玉米不同生育阶段需水量及缺水量变化特征. 干旱气象, 37(1): 127-133, 158.
普宗朝, 张山清. 2018. 气候变暖对新疆核桃种植气候适宜性的影响. 中国农业气象, 39(04): 267-279.
邱美娟, 王冬妮, 王美玉, 等. 2019. 近35年吉林省玉米气候适宜度及其变化. 东北农业科学, 44(1): 70-78.
曲金华. 2007. 中国东北地区气候变化对地表水资源影响评估. 南京: 南京信息工程大学硕士学位论文.
王化中, 强凤娇, 陈晓暾. 2015. 模糊综合评价中权重与评价原则的重新确定. 统计与决策, (8): 24-27.
王绍斌, 梁知洁, 赵艺欣. 1995. 辽西北地区地膜覆盖玉米栽培技术的生态经济效益. 沈阳农业大学学报, (2): 119-124.
魏琦, 张斌, 金书秦. 2018. 中国农业绿色发展指数构建及区域比较研究. 农业经济问题, (11): 11-20.
吴发启, 朱丽, 王红红. 2014. 陕西省西坡村农果复合生态经济系统能量流特征. 应用生态学报, 25(1): 195-200.
吴一平, 魏莉丽, 徐志宇. 2018. 农户采纳减施增效技术的意愿及影响因素分析——以沙洋县水稻种植为例. 农业经济与管理, (2): 10-17.
肖志强, 张蓉, 蒲静, 等. 2018. 陇南山区核桃生态气候适宜性区划研究. 中国农学通报, 34(32): 108-112.
冶明珠, 郭建平, 袁彬, 等. 2012. 气候变化背景下东北地区热量资源及玉米温度适宜度. 应用生态学报, 23(10): 2786-2794.
翟治芬, 王兰英, 孙敏章, 等. 2012. 基于AHP与Rough Set的农业节水技术综合评价. 生态学报, 32(3): 931-941.
翟治芬, 严昌荣, 张建华, 等. 2013. 基于蚁群算法和支持向量机的节水灌溉技术优选. 吉林大学学报(工学版), 43(4): 997-1003.
张彩霞. 2016. 气候变化背景下南方主要种植制度的气候适宜性研究. 南昌: 江西农业大学硕士学位论文.
张丽丽. 2015. 农业节水技术适宜性评价. 杨凌: 西北农林科技大学硕士学位论文.
张琳琳, 孙仕军, 陈志君, 等. 2018. 不同颜色地膜与种植密度对春玉米干物质积累和产量的影响. 应用生态学报, 29(1): 113-124.
张山清, 普宗朝, 李新建, 等. 2018. 气候变化对新疆苹果种植气候适宜性的影响. 中国农业资源与区划, 39(08): 255-264.
张士义, 马研, 于希臣. 2001. 风沙半干旱区地膜覆盖对玉米生长发育及产量的影响. 辽宁农业科学, (3)：38.
张淑杰, 张玉书, 孙龙彧, 等. 2013. 东北地区玉米生育期干旱分布特征及其成因分析. 中国农业气象, 34(3): 350-357.
张威, 纪然. 2019. 辽宁省地表温度时空变化及影响因素分析. 生态学报, (18): 1-13.
张燕卿, 刘勤, 严昌荣, 等. 2009. 黄河流域积温数据栅格化方法优选. 生态学报, 29(10): 5580-5585.
赵锦, 杨晓光, 刘志娟, 等. 2014. 全球气候变暖对中国种植制度的可能影响X. 气候变化对东北三省春玉米气候适宜性的影响. 中国农业科学, 47(16): 3143-3156.
中国气象局. 2007. 地面气象观测规范. 北京: 气象出版社: 85.
周景春, 苏玉杰, 张怀念, 等. 2007. 0～50cm土壤含水量与降水和蒸发的关系分析. 中国土壤与肥料, (6): 23-27.
周玮, 黄波, 管大海. 2015. 农业固体废弃物肥料化技术模糊综合评价. 中国农学通报, 31(29): 129-135.
周卫. 2017. 化肥减施增效的六大关键技术研究. 种子科技, (3): 89-90.

周颖, 顾万荣, 张立国, 等. 2018. 不同熟期春玉米籽粒乳线比例与含水率、粒重及激素的关系. 西南农业学报, 31(3): 437-443.

邹文秀, 韩晓增, 江恒, 等. 2011. 东北黑土区降水特征及其对土壤水分的影响. 农业工程学报, 27(9): 196-202.

Allen R G, Pereira L S, Raes D, et al. 1998. Crop evapotranspiration-guidelines for computing crop water requirements-FAO irrigation and drainage Paper 56. Rome: FAO.

Dhuyvetter K C, Thompson C R, Norwood C A, et al. 1996. Economics of dryland cropping systems in the great plains: a review. Cropping systems in the Great Plains. Papers presented at the symposium held during the 1994 ASA-CSSA-SSSA Annual meetings in Seattle, USA. Journal of Production Agriculture, 9(2): 216-222.

Gao H, Yan C, Liu Q, et al. 2019a. Effects of plastic mulching and plastic residue on agricultural production: a meta-analysis. Science of the Total Environment, 651: 484-492.

Gao H, Yan C, Liu Q, et al. 2019b. Exploring optimal soil mulching to enhance yield and water use efficiency in maize cropping in China: a meta-analysis. Agricultural Water Management, 225: 105741.

ITAD. 1996. Monitoring and the use of indicators. Brussels: Consultancy Report to DG VIII, European Commission.

Liu Z, Hubbard K G, Lin X, et al. 2013. Negative effects of climate warming on maize yield are reversed by the changing of sowing date and cultivar selection in Northeast China. Global Change Biology, 19(11): 3481-3492.

Luo Z, Wang E, Sun O J. 2010. Can no-tillage stimulate carbon sequestration in agricultural soils? A meta-analysis of paired experiments. Agriculture, Ecosystems & Environment, 139(1-2): 224-231.

Owen J M. 1993. Program Evaluation, Forms and Approaches. Program Evaluation, Forms and Approaches. St Leonards: Allen & Unwin.

Simone K K, Detlef V. 2012. Analytical framework for the assessment of agricultural technologies//Simone K K, Detlef V. Food Security Center. Stuttgart: University of Hohenheim.

Tavakkoli A R, Oweis T Y. 2004. The role of supplemental irrigation and nitrogen in producing bread wheat in the highlands of Iran. Agricultural Water Management, 65(3): 225-236.

Wang X, Peng L, Zhang X, et al. 2014. Divergence of climate impacts on maize yield in Northeast China. Agriculture, Ecosystems & Environment, 196: 51-58.

第五章　可降解地膜的类别和特点

第一节　OXO降解地膜的研发与问题

一、氧化降解地膜的基本概念

氧化降解地膜（OXO降解地膜）是一个颇具争议的话题，国内外都是如此。有人将氧化降解地膜定义为以普通PE地膜为原料，在其中加入复合型氧化-生物双降解添加剂，使这种地膜能够在自然环境中光、热、氧、水、微生物的作用下，实现氧化-生物双降解，最终降解成二氧化碳、水和腐殖质。但国内外有科学家认为，这种破裂不是降解，而是一种碎解，地膜破裂、碎裂后本质上仍然是聚乙烯，并没有出现真正的降解。所以，这是一个充满争议的话题，如何正确看待这个问题尚需时日和不断进行研究。

关于这方面的研究和应用国内外都在开展，其核心是研制开发了兼具氧化降解和生物降解功能的氧化-生物双降解催化剂，并针对不同区域和不同作物开发出特定配方。现在比较流行的双降解催化剂是以光敏性纳米粒子（纳米TiO_2等）组成纳米级微结构框架，具有氧化功能的金属离子（Co^{2+}、Mn^{2+}、Fe^{3+}等）及具有生物降解功能的生物质酸（柠檬酸、茶多酚等）均匀掺杂其中，共同组成兼具氧化降解和生物降解功能的双降解催化剂。研发者认为这种双降解催化剂从氧化降解和生物降解两个方面很好地解决了将传统聚乙烯地膜改变成可降解的环境友好材料的难题。氧化-生物双降解母料和地膜的制备过程如图5-1所示。

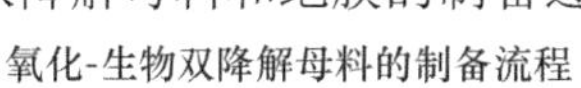

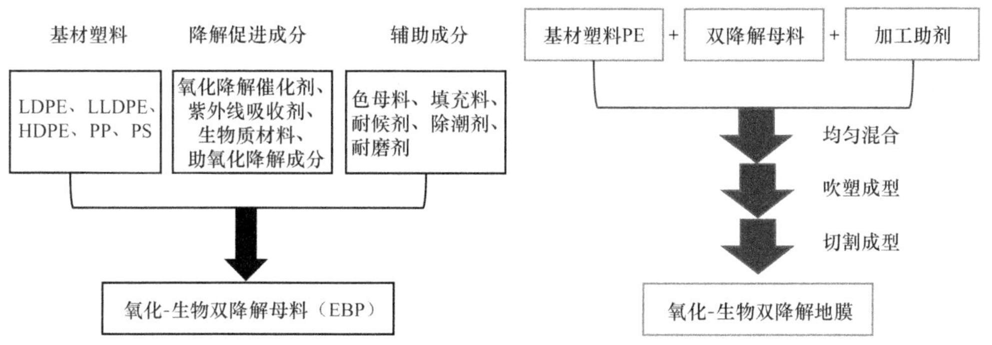

图5-1　氧化-生物双降解母料和地膜的制备过程（彩图请扫封底二维码）

二、氧化-生物双降解地膜的研发与问题

在国际上，主要是英国和加拿大有相关企业一直在从事这方面的研究工作，并且将重点放在添加剂的研发和应用上，如英国的Wells Plastic和加拿大EPI Environmental Technologies Inc等公司。这些公司在添加剂研究的基础上进行地膜配方的研究，并通过与其他企业合作销售添加剂实现公司发展。

在国内，与氧化降解地膜相关的企业有两类，一类是自己有一定的研发能力，进行添加剂的研究和生产，同时开展氧化降解地膜配方的研究，并进行地膜生产和销售；另一类是通过购买添加剂进行地膜配方研究，生产氧化降解地膜。由于氧化降解地膜价格低廉，过去几年中，每年新疆、山东、甘肃、内蒙古等地降解地膜覆盖面积达20多万亩。

目前，氧化降解地膜面临的主要问题包括两个方面，一是没有从机理上说清是降解还是碎解：在尚没有能够得出比较可靠的结论前，有关部门认为应该慎重，尤其是在大规模应用方面。二是地膜破裂降解的可控性比较差：受外界条件尤其是光照条件的影响极大，光照条件较好的地方能够比较迅速破裂降解，而埋土部分则破裂降解极为缓慢。这意味着这种地膜的变化与环境因素关系极为密切，同一配方地膜在不同区域的表现可能大相径庭，仍然存在较高比例的地膜不能降解，且回收困难的问题。

三、OXO地膜产品国内外认识

国际上，关于氧化降解塑料负面的结论和评价越来越多，认为氧化降解塑料不是真正的降解，其完成真正降解需要的时间非常漫长。2016年8月，欧盟委员会（European Commission）发布了由英国来自Eunomia Research & Consulting Ltd的Simon Hann、Sarah Ettlinger和 Adrian Gibbs撰写的*The Impact of the Use of "Oxo-degradable" Plastic on the Environment*。2018年1月16日，欧盟委员会在比利时向欧洲议会和理事会（The European Parliament and the Council）提交了一个关于氧化降解塑料影响的报告（*Report on the Impact of the Use of Oxo-Degradable Plastic, Including Oxo-Degradable Plastic Carrier Bags, on the Environment*），并形成了*Directive on the Reduction of the Impact of Certain Plastic Products on the Environment*法律文件，计划于2021年在欧盟范围内禁止使用OXO塑料，根据2019年5月20日*Recycling Magazine*发表的文章显示，如果没有特殊变化，OXO塑料的禁用在欧洲将正式实施（https://www.recycling-magazine.com/2019/05/20/echa-withdraws-its-intention-to-restrict-oxo-degradable-plastic-under-reach/）。

关于OXO塑料的争议是一个全球性的问题，在欧洲除了主流和官方计划禁用外，也存在不同声音，如欧洲氧化降解塑料联盟（OBPF）认为完全禁止氧化降解

塑料缺乏科学依据，是政治上的需要，具体见链接：http://www.obpf.org/european-parliament-ban-oxo-degradable-plastics-non-science-based-political-move/。中东的阿联酋也在推广应用OXO塑料。

在我国，20世纪80年代光降解地膜是主要研究对象，然后逐渐被氧化生物降解塑料所替代。前几年国内对此不是特别重视，没有太大争议，但这两年出现了完全不同的声音，有些人认为这种塑料成本低廉，能够部分降解，易于推广，是发展的方向，但也有人认为可能存在环境风险，尤其在微塑料方面。2010年开始，山东曾较大规模推广示范OXO地膜，据山东省农业系统的消息，目前不属于政府推广的产品；甘肃省曾经在全省进行过多点试验，但也没有进行推广。总体而言，OXO降解地膜的应用不是特别成功，尤其是降解与环境条件不协调且降解不可控、降解不彻底对使用者而言是一个现实的问题。

国内关于OXO塑料的争议基本上可以概括为以下3种不同意见。

主推派——认为OXO降解塑料只要碎了不影响农业生产活动就是好技术和产品，应该大力推广和应用。

禁用派——认为OXO降解塑料与PE塑料一样存在环境风险，应该向欧洲和日本看齐，而且OXO降解塑料破裂后更加难以从土壤中将其回收出来。

观望派——认为可以研究，明确和揭示OXO降解塑料的降解机制与特点，但在降解机制未阐述清楚前不宜大面积推广。

第二节　生物降解地膜的研发应用

一、生物降解地膜的研发

生物降解地膜是以生物降解材料为主要原料制备的，用于农田土壤表面覆盖的，具有增温保墒、抑制杂草等并能生物降解的薄膜。日本科学家将其定义为“在自然界中通过微生物的作用可以分解成不会对环境产生恶劣影响的低分子化合物的高分子及其掺混物”（温耀贤，2005）。生物降解地膜降解的主要机制是，首先通过生物物理作用使高分子材料发生机械性破坏，分裂成低聚物碎片，然后通过生物化学作用，利用微生物中的酶将高分子聚合物分解成低分子量分子碎片，这些低分子量碎片再被细菌等微生物分解、消化、吸收，最终形成水和二氧化碳（Maruhashi and Tokonami，1992）。

根据主要原料可以分为以天然生物质为原料的生物降解地膜和以石油基为原料的生物降解地膜。天然生物质如淀粉、纤维素、甲壳素等，经过改性、再合成形成可生物降解地膜的生产原料。尤其在将淀粉应用为生物降解地膜生产原料方面开展了大量工作。淀粉作为主要原料的地膜按照降解机制和破坏形式又可分为淀粉添加型不完全生物降解地膜与以淀粉为主要原料的完全生物降解地膜（Maruhashi and

Tokonami，1992；温耀贤，2005；Shah et al.，2008；刘敏等，2008）。添加型降解地膜是在不具有降解特性的通用塑料基础上，通过添加具有生物降解特性的天然或合成聚合物等混合制成（徐明双等，2009），它不属于完全生物降解地膜。目前，添加型降解地膜主要由通用塑料、淀粉、相溶剂、自氧化剂和加工助剂等组成，其存留PE或聚酯不能完全生物降解；以淀粉为原料生产的完全生物降解地膜主要是通过发酵生产乳酸，乳酸经过再合成形成聚乳酸（PLA），以聚乳酸为主要原料生产的地膜。另一类重要的天然物质是纤维丝，通过对纤维素醚化、酯化及氧化形成酸、醛和酮后制成地膜，可完全降解（覃程荣等，2002）。以石油基为原料的生物降解地膜的原料主要包括二元酸二元醇共聚酯（PBS、PBAT等）（严昌荣等，2016）、聚羟基烷酸酯（PHA）、聚己内酯（PCL）（Tokiwa and Calabia，2006）、聚羟基丁酸酯（PHB）（Sridewi et al.，2006）、CO_2共聚物——聚碳酸亚丙酯（PPC）等。己二酸丁二醇酯和对苯二甲酸丁二醇酯的共聚物（PBAT）含柔性的脂肪链和刚性的芳香链，因而具有高韧性和耐高温性，而酯键的存在使其同时具有生物可降解性。聚羟基烷酸酯（PHA）是一种典型的利用微生物直接制造的可降解生物聚酯，具有很好的热塑加工性、生物相容性和生物可降解性。聚己内酯（PCL）由ε-己内酯在金属有机化合物（如四苯基锡）作催化剂、二羟基或三羟基作引发剂条件下开环聚合而成，属于聚合型聚酯，其分子量与歧化度随起始物料的种类和用量不同而异。聚羟基丁酸酯（PHB）是PHA的一种，它具有热塑性塑料和聚丙烯的性质，还具有生物可降解性和生物相容性。聚碳酸亚丙酯（PPC）是由二氧化碳和环氧丙烷聚合而成的一种新型的热塑性聚合物，具有生物相容性好、阻隔性高、抗冲击韧性、透明性和无毒性等一系列优良特点。这些高分子物质在自然界中能够很快分解和被微生物利用，最终降解产物为二氧化碳和水。

二、生物降解地膜的推广应用

在世界范围内，欧洲和日本是降解材料技术最为发达的国家与地区，也是生物降解地膜研发和应用最先进的国家与地区。2010年以来，随着生物降解材料和加工工艺技术进步，生物降解地膜的应用越来越广泛。目前，日本和欧洲生物降解地膜在地膜市场的份额不断上升，而PE地膜和PVC地膜则逐渐下降（严昌荣等，2015）。这些生物降解地膜主要用于园艺和蔬菜生产方面，如日本现在每年有2000t左右生物降解地膜用于南瓜、莴苣、大白菜、甜薯、马铃薯、洋葱、萝卜和烟草等生产，欧洲也基本如此。值得注意的是，在发达国家如日本，由于劳动力短缺和PE地膜后处理困难等，生物降解地膜应用比例逐年上升。日本和欧美生物降解地膜应用比例占5%～10%。

2010年以来，日本昭和电工株式会社、德国BASF公司、法国Limagrain公司开始与中国有关科研和农业技术推广部门合作，进行生物降解地膜的试验和示范工作，重点在西北的新疆、甘肃和内蒙古，西南的云南及华北的北京、河北等，应用作物有棉花、玉米、烟草、马铃薯和蔬菜等。在地方政府的大力支持下，法国Limagrain公司在云南开展了大规模的生物降解地膜应用示范，覆盖作物超过10个，面积超过1500万亩。与此同时，国内有关企业，如金发科技股份有限公司、浙江杭州鑫富药业股份有限公司、新疆蓝山屯河化工股份有限公司等，在生物降解树脂材料生产线完成的基础上，开始进行生物降解地膜的研发和应用，并不断改进和完善产品配方，使得产品应用性能、经济性能都得到了大幅度提高。

近年来，我国在生物降解地膜的研究和应用方面取得了长足进步，尤其通过二元酸二元醇共聚酯合成技术和设备的改进（Chen，2010），PLA合成中关键催化剂技术的突破，已经形成具有自主知识产权的生物降解塑料生产的核心技术和工艺（黄伟等，2012）。在此基础上，生物降解地膜生产配方和工艺得到进一步改进与完善，已形成万吨级的生物降解地膜生产能力，并在局部区域和典型作物上开展了试验示范。2011年以来，在原农业部支持下，中国农业科学院农业环境与可持续发展研究所与国内外相关企业合作，在新疆石河子、河北成安、辽宁阜新、湖北恩施、云南曲靖、山东青岛、黑龙江延寿、内蒙古扎赉特、甘肃镇原、宁夏海原等地建立了生物降解地膜适宜性评价基地，选择国内外主要生物降解地膜生产企业的产品，进行产品上机性能、农艺性能（增温保墒、杂草防除等）、降解性能（降解时间、降解方式和程度等）、经济性（与普通PE地膜比较，监测获取生物降解地膜在产品投入、农作物产量、残膜回收等方面的参数）的综合评价，并根据试验结果提出产品配方改进和完善的建议。

2015年以来，国家有关部门设立了专项进行全国生物降解地膜试验评价，选择了20多家公司的不同生物降解地膜，在全国主要覆膜区域的11个省（区、市）23个县（市、区）的7种农作物上开展了试验（表5-1）。目的是明确不同生物降解地膜的降解特性和区域差异，不同降解地膜增温保墒和防除杂草的功效，生物降解地膜对作物产量的影响，为促进与区域和作物特点相适宜的生物降解地膜的研发与应用和国家有关决策部门制定地膜应用及污染防治提供依据。综合评价结果显示，目前大多数生物降解地膜在烟草、花生等覆膜时间较短作物上具较好的适宜性，而对覆膜时间长作物适应性较差。从区域上看，华北和西南地区生物降解地膜适宜性要高于西北地区，尤其是西北内陆地区对生物降解地膜要求相对较高。生物降解地膜存在的普遍性问题是机械强度不够，铺膜时容易断裂，机械化操作困难；降解时间的可控性差，破裂时间过早；增温保墒性能弱于普通PE地膜，尤其是作物生育前期最明显；对作物的生长发育和产量形成造成一定的影响。

表5-1　全国降解地膜评价试验地点和作物种类表

区域	省（区、市）	试验地点	作物种类
东北地区	辽宁	彰武县	春玉米、花生
华北地区	北京	顺义区	春玉米
	河北	成安县	棉花、蔬菜
		定州市	蔬菜
	山西	五台县、阳曲县	春玉米
	内蒙古	四子王旗	马铃薯
		喀喇沁旗	春玉米
华东地区	山东	海阳市、莒南县	花生
华中地区	湖北	郧西县	水稻
		宜昌市	烟草
西北地区	甘肃	榆中县、安定区	马铃薯
		华池县、凉州区、肃州区、临夏回族自治州	春玉米
西北绿洲区	新疆	博乐市、尉犁县	棉花
西南地区	云南	玉溪市	烟草
		会泽县	春玉米
	重庆	渝北区	春玉米

三、生物降解地膜的问题与发展思考

（一）生物降解地膜的问题

1. 产品降解诱导期早于农作物需求期

由于生物降解原材料本身的特性，大多数全生物降解地膜产品破裂时间和降解可控性还需要改进，大量试验结果显示，相对农作物需求，现有的全生物降解地膜产品各个降解阶段发生的时间过早，早于作物地膜覆盖安全期，导致产品增温保墒和防除杂草功能无法发挥，对农作物生长发育和产量造成影响。在华北地区（图5-2），利用生物降解地膜进行玉米种植，覆膜日期为4月13日，破裂时间是5月21日，覆膜增加玉米生育前期地温、保持土壤水分和抑制杂草的功能都没有发挥，导致玉米生长与普通PE地膜覆盖差异明显。

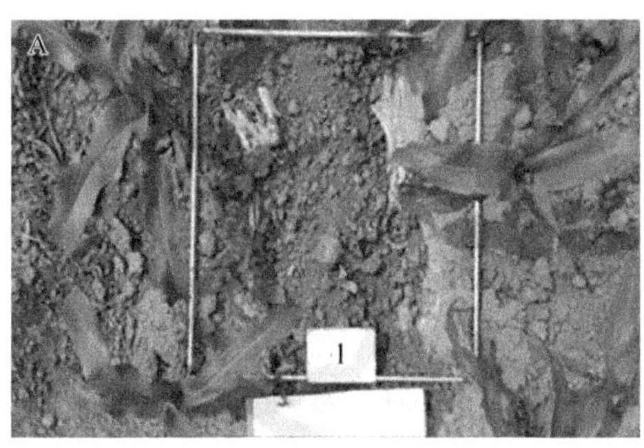

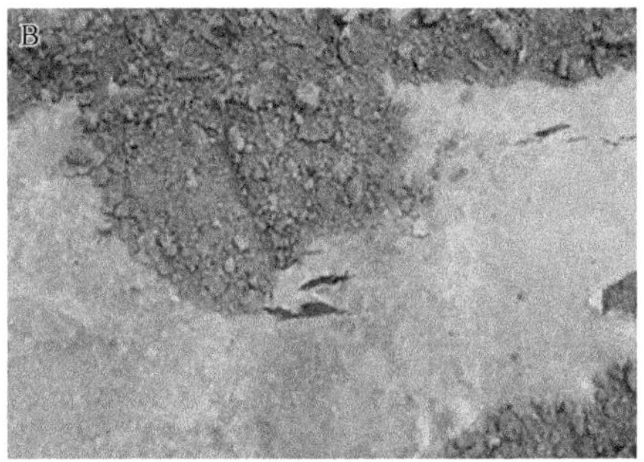

图5-2　生物降解地膜破裂过早影响农作物生长（彩图请扫封底二维码）

2. 产品增温保墒性能弱于聚乙烯地膜，需要进一步加强

试验结果显示，全生物降解地膜与普通聚乙烯地膜相比虽具有相似的增温保墒功能，但还存在一定的差异，需要完善产品配方，提高产品的阻隔性和增温保墒性能。如图5-3所示，10μm厚的生物降解地膜与8μm 厚的PE地膜覆盖的土壤温度存在显著不同（$P<0.05$），在没有作物冠层遮盖条件下，除11时到16时二者的增温效果相同外，其余时间均是PE地膜覆盖土壤温度高于生物降解地膜覆盖的。图5-4透湿率数据显示，生物降解地膜水分降低速度明显高于PE地膜，同时，生物降解地膜相互之间也表现出显著差异（$P<0.05$），生物降解地膜在保水性方面明显逊于PE地膜。

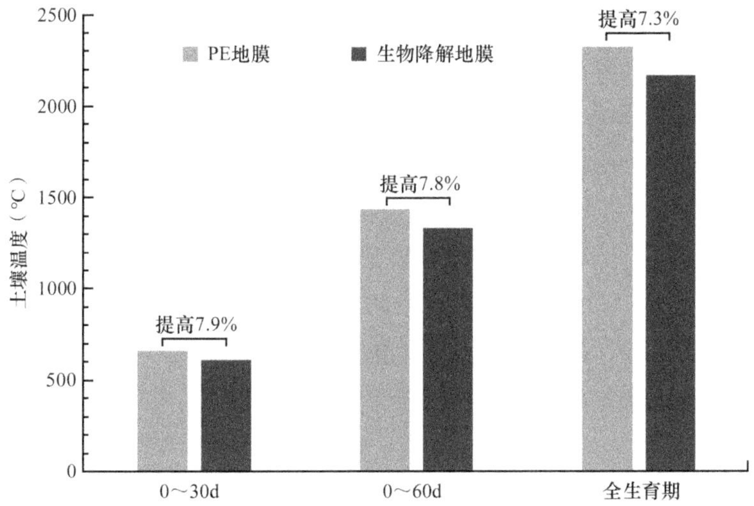

图5-3　北京顺义玉米地膜覆盖栽培10cm处土壤温度（2019年）

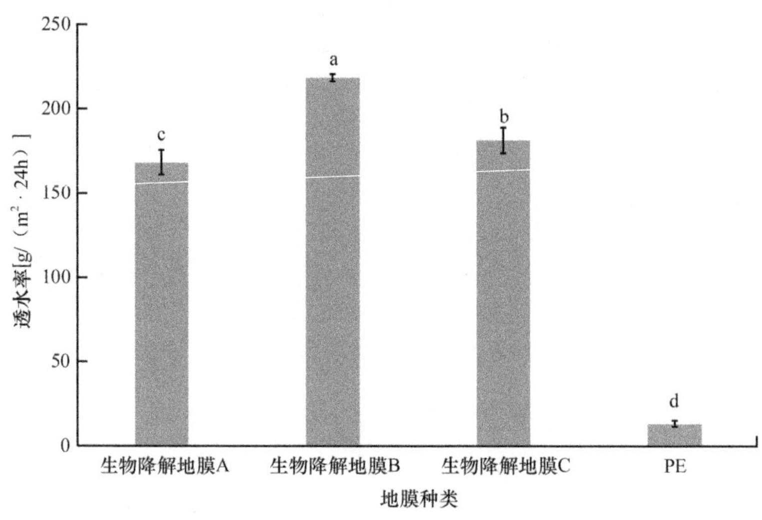

图5-4　新疆加工番茄生物降解地膜透水特性

3. 产品成本需要进一步降低

成本高，是目前全生物降解地膜替代技术大规模推广应用的主要制约因素。一方面需要通过生物降解原材料技术和工艺突破降解产品价格，另一方面需形成国家宏观政策和环境补偿机制弥补成本差。

（二）生物降解地膜的发展思考

1. 强化长期定位跟踪监测，进一步完善适宜性评价技术体系

开展全生物降解地膜中间产物的环境影响评价，研究全生物降解地膜对农产品质量安全、土壤安全的影响，开展长期示范和定位跟踪监测。因地制宜地制定作物全生物降解地膜适宜性评价规程，从安全性、操作性、功能性、可控性、经济性5个方面全方位评价地膜产品。

2. 强化配套农艺措施研究，进一步开展示范推广

针对全生物降解地膜的特性，加大配套农艺措施研究，形成全生物降解地膜农田应用技术规范。例如，在花生上，可以推迟花生播种期，缩短花生生育期；在马铃薯上，注意掌握好再覆土的时间，重点是观察马铃薯发芽情况，过早再覆土会影响太阳辐射进入土壤，降低地膜增温性，过晚会导致马铃薯幼苗无法自动破膜，需要人工掏苗，降低马铃薯出苗率；在东北有机水稻上，选择黑色、厚度0.01mm和功能期在80d的全生物降解地膜，要选择覆膜移栽一体机，保证覆膜插秧后地膜一定要紧贴土壤，防止地膜浮在水层上。同时，在全生物降解推广应用具有一定基础和前景的地区，选择部分适宜区域和适宜作物，针对全生物降解地膜的使用成本及其对作物生长的效果等开展较大面积的试验示范。

3. 强化示范应用政策研究，进一步推动产业持续健康发展

针对不同产品、不同地区和不同作物，开展全生物降解地膜补贴机制研究。通过科技创新、产业政策扶持、规模化应用等降低全生物降解地膜价格，推进全生物降解地膜产业持续健康发展。

第三节　生物降解材料及地膜

一、主要原料的生产企业

全球生物降解塑料产能在100万t左右，年增长率超20%，且性能提高、成本降低，市场竞争力持续增强。生物降解塑料主要有聚乳酸（PLA）、聚羟基烷酸酯（PHA）、己二酸丁二醇酯和对苯二甲酸丁二醇酯的共聚物（PBAT）、聚丁二酸丁二醇酯（PBS）、二氧化碳共聚物（PPC）等。全球PLA产能约28万t/年，我国PLA产能5万t/年，主要生产企业有美国Nature Works公司和荷兰Total Corbion公司。PHA生产企业主要有日本Kaneka公司、巴西Biocycle公司和德国Biomers公司等，国内有宁波天安（2000t/年）。全球二元酸二元醇共聚酯（PBAT、PBS、PBSA）产能超40万t/年，其中我国占50%，主要企业有德国BASF（巴斯夫），日本昭和、三菱，此外还有法国Limagrain、意大利Novamont，国内主要有金发科技、蓝山屯河、金晖兆隆、杭州鑫富等企业。PPC作为一种新型生物降解材料，在研发和应用方面我国均居领先地位，产能5万t/年，除河南天冠、江苏中科金龙拥有1万t/年产能生产线外，中国科学院与吉林博大在建5万t/年生产线1条。

国际上，生物降解地膜应用集中在欧美日等发达国家，主要生产企业有德国BASF、日本三菱、昭和电工、意大利Novamont和法国Limagrain。由于PE地膜后处理困难，生物降解地膜用量比例上升。目前欧美日生物降解地膜应用比例在10%左右，且呈现上升趋势。近几年来，我国生物降解地膜研发和应用进步迅速，生物降解地膜应用面积从2015年百亩规模发展到2019年10万亩以上，在新疆、云南、山东都实现了规模化应用，涉及作物种类达10多种，尤其是在有机水稻、马铃薯、加工番茄、甜菜、烟草和大多数蔬菜应用效果良好，在部分区域和作物上具有替代PE地膜的潜力。

二、生物降解地膜产品

全生物降解地膜是在自然环境中通过光、热、水和微生物的作用而发生生物降解的一类农业用塑料薄膜。GB/T 35795—2017规定全生物降解地膜是以生物降解材料为主要原料制备的，用于农田土壤表面覆盖的，具有增温保墒、抑制杂草等并能生物降解的薄膜。

全生物降解地膜主要原料分为天然生物质和石油基生物降解材料，天然生物质一类来源于对淀粉、纤维素、甲壳素等改性、再合成，如淀粉通过发酵生产乳酸，乳酸经过再合成形成聚乳酸（PLA）；另一类来源于纤维丝，对纤维素醚化、酯化及氧化形成酸、醛和酮（覃程荣等，2002）。石油基生物降解材料主要成分是二元酸二元醇共聚酯（PBAT等）（张文峰，2002）、聚羟基烷酸酯（PHA）（陈国强等，2002）、聚己内酯（PCL）（Tokiwa and Calabia，2006）、聚羟基丁酸酯（PHB）（Sridewi et al.，2006）和二氧化碳共聚物——聚碳酸亚丙酯（PPC）（秦玉升等，2011，2018）等，这些高分子材料在自然环境中能够借助光、热、水等作用分解和被微生物利用，最终完全降解变成二氧化碳、水和矿化无机盐（高尚宾等，2020；Zumstein et al.，2018）。

目前，在国际上，生物降解塑料/地膜的研发主要集中在欧洲、日本等发达国家，如德国BASF、日本三菱和昭和电工、意大利Novamont和法国Limagrain等。国内，广东金发科技股份有限公司开发出PBAT树脂、PBAT改性材料（包含完全生物降解地膜材料）、PLA改性材料系列多个品牌的产品，形成了以“ECOPOND”为商品牌号的产品族。上海弘睿生物科技有限公司通过纳米材料改性方法研发了国际首创的6μm三层共挤全生物降解地膜和国际领先的超薄（薄至4μm）高性能生物降解地膜，生产成本大幅度降低（胡琼恩等，2017；朱立邦，2018）。

已有的相关研究结果显示，生物降解地膜具有与普通 PE 地膜相似的增温保墒、抑制杂草等功能，并能彻底解决地膜用后的残留问题。从农业农村部2015～2018年的试验和部分地区开展的大面积示范来看，在一定地区和部分作物上，生物降解地膜替代技术具备了一定推广条件，可以开展较大面积的推广示范，如在马铃薯（特别是覆土种植的马铃薯）和南方地区的经济作物（蔬菜、烟草）上。

随着人们环保意识的增强、地膜回收法律法规的完善、农村劳动力缺失和回收人工投入成本上升及地膜回收困难，普通 PE 地膜和生物降解地膜的综合成本将会越来越接近，生物降解地膜替代普通PE 地膜是地膜覆盖技术应用的必由之路，生物降解地膜的应用前景良好。

参考文献

陈国强, 张广, 赵锴, 等. 2002. 聚羟基脂肪酸酯的微生物合成、性质和应用. 无锡轻工大学学报, (2): 197-208.

陈厚, 郭磊, 李桂英, 等. 2011. 高分子材料分析测试与研究方法. 北京：化学工业出版社.

陈松哲, 于九皋. 2001. LDPE/有机金属降解剂/配合剂体系降解性的研究. 高分子材料科学与工程, 17: 140-143.

高尚宾, 徐志宇, 严昌荣, 等. 2020. 可降解地膜农田对比评价筛选及应用. 北京: 中国农业科学技术出版社.

郭骏骏, 晏华, 包河彬. 2014. 聚烯烃老化评价实验方法评述. 中国塑料, 28: 14-22.

胡国文, 周智敏, 张凯, 等. 2014. 高分子化学与物理学教程. 北京：科学出版社.

胡琼恩, 李婷, 马丕明, 等. 2017. 生物可降解地膜的研究进展. 塑料包装, 27(3): 34-41.

黄伟, 李弘, 张全兴. 2012. 生态友好材料聚乳酸的合成研究进展. 化学通报, 75(12): 1069-1075.
刘敏, 黄占斌, 杨玉姣. 2008. 可生物降解地膜的研究进展与发展趋势. 中国农学通报, 24(9)：439-444.
秦玉升, 王献红, 王佛松. 2011. 二氧化碳基共聚物. 化学进展, 23(4)：613-622.
秦玉升, 王献红, 王佛松. 2018. 二氧化碳共聚物的合成与性能研究. 中国科学：化学, 48(8)：883-893.
覃程荣, 王双飞, 宋海农, 等. 2002. 甘蔗渣生产全降解农用地膜的研究. 现代化工, 22(11)：24-28.
温耀贤. 2005. 功能性塑料薄膜. 北京：机械工业出版社: 262.
徐明双, 李青山, 刘冬. 2009. 可降解塑料的研究进展. 塑料制造, (5): 81-85.
严昌荣, 何文清, 刘爽, 等. 2015. 中国地膜覆盖及残留污染防控. 北京：科学出版社.
严昌荣, 何文清, 薛颖昊, 等. 2016. 生物降解地膜应用与地膜残留污染防控. 生物工程学报, 32(6): 748-760.
张文峰. 2002. 淀粉/聚己内酯可生物降解塑料的研究. 长沙: 国防科学技术大学硕士学位论文.
朱立邦. 2018. PBAT/PLA生物降解树脂增容改性研究. 泰安: 山东农业大学硕士学位论文.
Albertsson A C, Hakkarainen M. 2017. Designed to degrade. Science, 358: 6365-6366.
Albertsson A C, Karlsson S. 1988. The three stages in degradation of polymers-polyethylene as a model substance. Journal of Applied Polymer Science, 35: 1289-1302.
Ammala A, Bateman S, Dean K, et al. 2011. An overview of degradable and biodegradable polyolefins. Progress in Polymer Science, 36: 1015-1049.
Bonhomme S, Cuer A, Delort A, et al. 2003. Environmental biodegradation of polyethylene. Polymer Degradation and Stability, 81: 441-452.
Briassoulis D, Babou E, Hiskakis M, et al. 2015. Degradation in soil behavior of artificially aged polyethylene films with pro-oxidants. Journal of Applied Polymer Science, 132: 42289.
Chen G Q. 2010. Plastics from Bacteria: Natural Functions and Applications, Microbiology Monographs. Vol. 14. Berlin: Springer: 351-352.
Chiellini E, Corti A, D'antone S, et al. 2006. Oxo-biodegradable carbon backbone polymers-oxidative degradation of polyethylene under accelerated test conditions. Polymer Degradation and Stability, 91: 2739-2747.
Gewert B, Plassmann M M, Macleod M. 2015. Pathways for degradation of plastic polymers floating in the marine environment. Environmental Science: Processes & Impacts, 17: 1513-1521.
Gopferich A. 1996. Mechanisms of polymer degradation and erosion. Biomaterials, 17: 103-114.
Hayes D G, Wadsworth L C, Sintim H Y, et al. 2017. Effect of diverse weathering conditions on the physicochemical properties of biodegradable plastic mulches. Polymer Testing, 62: 454-467.
Jakubowicz I. 2003. Evaluation of degradability of biodegradable polyethylene (PE). Polymer Degradation and Stability, 80: 39-43.
Kasirajan S, Ngouajio M. 2012.Polyethylene and biodegradable mulches for agricultural applications: a review. Agronomy for Sustainable Development, 32: 501-529.
Liu E K, He W Q, Yan C R. 2014. 'White revolution' to 'white pollution'-agricultural plastic film mulch in China. Environmental Research Letters, 9: 091001.
Lucas N, Bienaime C, Belloy C, et al. 2008. Polymer biodegradation: mechanisms and estimation techniques. Chemosphere, 73: 429-442.
Maruhashi M, Tokonami H. 1992. Biodegradable film for agricultural use. US: 5106890.
Rajandas H, Parimannan S, Sathasivam K, et al. 2012. A novel FTIR-ATR spectroscopy based technique for the estimation of low-density polyethylene biodegradation. Polymer Testing, 31: 1094-1099.
Reddy M M, Deighton M, Gupta R K, et al. 2009. Biodegradation of oxo-biodegradable polyethylene. Journal of Applied Polymer Science, 111: 1426-1432.
Shah A A, Hasan F, Hameed A, et al. 2008. Biological degradation of plastics: a comprehensive review. Biotechnology Advances, 26: 246-265.
Sridewi N, Bhubalan K, Sudesh K. 2006. Degradation of commercially important polyhydroxyalkanoates in tropical

mangrove ecosystem. Polymer Degradation and Stability, 91(12): 2931-2940.

Sridewi N, Bhubalan K, Sudesh K. 2006. Degradation of commercially important polyhydroxyalkanoates in tropical mangrove ecosystem. Polymer Degradation and Stability, 91(12): 2931-2940.

Steinmetz Z, Wollmann C, Schaefer M, et al. 2016. Plastic mulching in agriculture: trading short-term agronomic benefits for long-term soil degradation. Science of the Total Environment, 550: 690-705.

Tokiwa Y, Calabia B P. 2006. Biodegradability and biodegradation of poly (lactide). Applied Microbiology and Biotechnology, 72(2): 244-251.

Wilkes R A, Aristilde L. 2017. Degradation and metabolism of synthetic plastics and associated products by *Pseudomonas* sp.: capabilities and challenges. Journal of Applied Microbiology, 123: 582-593.

Zumstein M T, Schintlmeister A, Nelson T F, et al. 2018. Biodegradation of synthetic polymers in soils: tracking carbon into CO_2 and microbial biomass. Science Advances, 4(7): eaas9024.

第六章　作物生物降解地膜应用范例

第一节　华北地区马铃薯生物降解地膜应用

一、不同生物降解地膜的透湿量

地膜透湿量衡量地膜对水分的保持能力，地膜透湿量大有利于马铃薯根部透气。在选取的6种地膜中，普通地膜的薄膜透湿量最小，为6.9g/（m^2·24h），显著小于其他5种地膜的薄膜透湿量（表6-1）。金发、BASF生物降解地膜的薄膜透湿量为267.5 g/（m^2·24h）和283.4g/（m^2·24h），显著高于其他生物降解地膜薄膜透湿量。天冠生物降解地膜的薄膜透湿量为181.9g/（m^2·24h）；CAS1、CAS2生物降解地膜的薄膜透湿量为99.6 g/（m^2·24h）和111.3g/（m^2·24h），显著低于天冠生物降解地膜。

表6-1　不同生物降解地膜的透湿性

地膜种类	主要材料	颜色	厚度（μm）	薄膜透湿量[g/（m^2·24h）]
普通地膜	PE	白	10	6.9d
金发生物降解地膜	PBAT	白	10	283.4a
BASF生物降解地膜	PBAT	白	10	267.5a
天冠生物降解地膜	PPC	白	10	181.9b
CAS1生物降解地膜	PBAT+PPC	白	10	111.3c
CAS2生物降解地膜	PBAT+PPC	白	10	99.6bc

注：不同小写字母表示不同处理间差异显著，下同

二、不同生物降解地膜的增温性能

由图6-1和图6-2可知，地膜覆盖具有显著的增温效应，且集中在马铃薯生长前期。在马铃生长前期露地种植的马铃薯农田土壤温度显著低于覆膜处理的土壤温度。

在马铃薯生长前期，天冠、金发、BASF、CAS1、CAS2生物降解地膜与普通PE地膜的土壤温度变化趋于一致，CAS1、CAS2生物降解地膜土壤温度略低于PE地膜土壤温度。各类生物降解地膜及普通PE地膜的土壤温度均高于露地种植。在马铃薯生长后期，生物降解地膜的温度变化趋势相同，而普通PE地膜的土壤温度高于生物降解地膜的土壤温度。由于马铃薯喜凉性，在马铃薯生长后期土壤温度过高，会影响马铃薯生长及产量的提高，普通PE地膜的土壤温度在马铃薯生长后期过高，影响马铃薯生长；生物降解地膜由于在马铃薯生长后期进行降解，地膜的保温效果逐渐减弱，更适合马铃薯生长发育的需求。

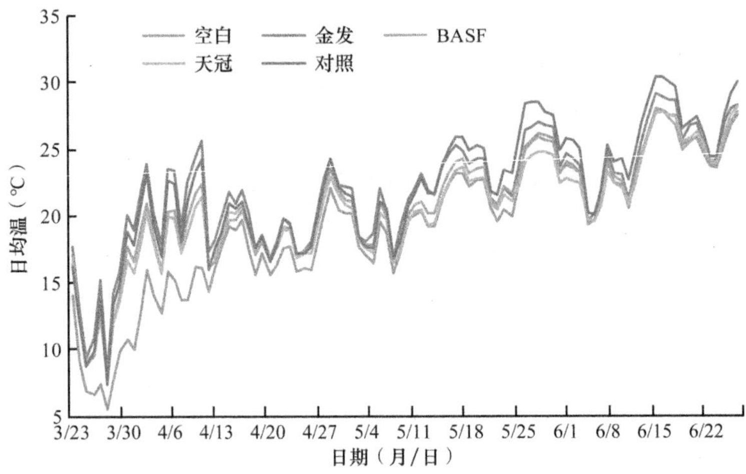

图6-1　不同生物降解地膜覆盖马铃薯农田10cm土层日均温（彩图请扫封底二维码）

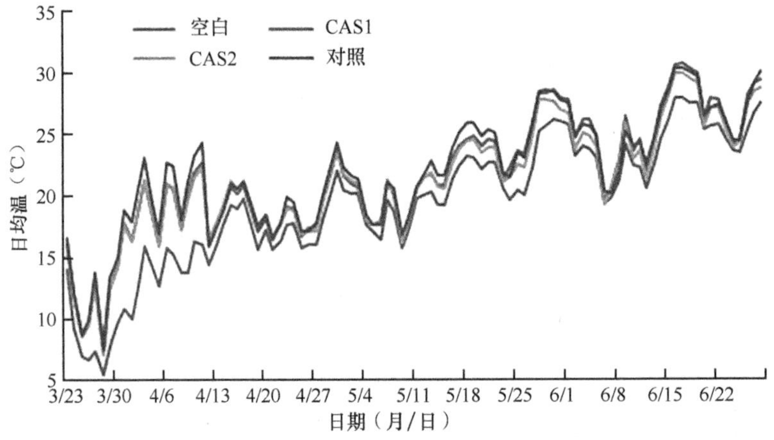

图 6-2　CAS系列地膜覆盖马铃薯农田10cm土层日均温（彩图请扫封底二维码）

马铃薯农田覆膜处理的土壤日积温均显著高于露地处理，说明地膜覆盖的增温作用显著。金发生物降解地膜的土壤日积温高于CAS1、CAS2生物降解地膜，BASF生物降解地膜的土壤日积温低于CAS1、CAS2生物降解地膜，说明PBAT+PPC与PBAT材料生物降解地膜的土壤日积温差异不大。PE地膜与金发生物降解地膜在马铃薯生育期内的农田土壤日积温相近。

三、不同生物降解地膜的降解特性

如表6-2所示，PBAT材料生物降解地膜在覆膜后65～75d开始降解，PPC材料生物降解地膜在覆膜后50～55d开始降解，PBAT+PPC材料生物降解地膜在覆膜后35～50d开始降解，其中PBAT+PPC与PPC材料生物降解地膜的降解速度较快。PBAT

材料生物降解地膜能够保持膜面完整的时间较久，其降解周期与春马铃薯的生育期相吻合，为65～75d。王斌（2015）研究发现，在春马铃薯生育前期气候寒冷时，PBAT材料生物降解地膜的保温作用使土壤温度升高，到了春马铃薯生长后期气候炎热时，生物降解地膜可以通过降解出小孔增加土壤水分的入渗，降低表层土壤温度，使春马铃薯在整个生长季中都可以保持较性的生长速度，既能满足马铃薯生长前期的温度需求，又能在马铃薯生长后期减弱增温性能，免除高温对马铃薯生长发育的影响，并且灌溉水可以通过破裂的膜面进入土壤中，促进马铃薯生长，提高马铃薯产量。

表6-2　不同生物降解地膜的降解时间

地膜种类	主要材料	覆膜后开始降解的天数（d）
普通地膜	PE	不降解
金发生物降解地膜	PBAT	65～70
BASF生物降解地膜	PBAT	70～75
天冠生物降解地膜	PPC	50～55
CAS1生物降解地膜	PBAT+PPC	45～50
CAS2生物降解地膜	PBAT+PPC	35～40

四、不同生物降解地膜覆盖对马铃薯产量的影响

由图6-3可知，露地种植的马铃薯产量最低，为44.9t/hm^2，普通PE地膜的马铃薯产量为49.2t/hm^2，普通PE地膜的马铃薯产量显著高于露地种植的马铃薯产量。不同类型生物降解地膜的马铃薯产量为50.2～53.3t/hm^2，相较于露地种植马铃薯产量和普通PE地膜马铃薯产量，生物降解地膜的马铃薯产量高，且差异显著。金发生物降解地膜的马铃薯产量最高，为53.3t/hm^2，相对于PE地膜马铃薯增产8.3%，相较于露地种植增产18.7%；BASF生物降解地膜马铃薯产量较高，为52.5t/hm^2，相对于PE地膜马铃薯增产6.7%，相较于露地种植增产16.9%。CAS2、天冠、CAS1生物降解地膜的马铃薯产量分别为51t/hm^2、50.4t/hm^2、50.2t/hm^2，相对于对照增产3.7%、2.4%、2%，相较于露地种植增产13.6%、12.2%、11.8%。

在透湿量方面，普通PE地膜的薄膜透湿量最小，为6.9g/（m^2·24h），金发、BASF生物降解地膜的薄膜透湿量为267.5 g/（m^2·24h）和283.4g/（m^2·24h），显著高于其他生物降解地膜薄膜透湿量。天冠生物降解地膜的薄膜透湿量为181.9g/（m^2·24h）；CAS1、CAS2生物降解地膜的薄膜透湿量为99.6 g/（m^2·24h）和111.3g/（m^2·24h），显著低于天冠生物降解地膜。薄膜透湿量的大小主要与地膜材料有关，金发、BASF生物降解地膜的材料主要是PBAT，天冠生物降解地膜的材料

主要是PPC，CAS1、CAS2生物降解地膜的材料主要是PBAT+PPC，普通地膜的材料是PE。

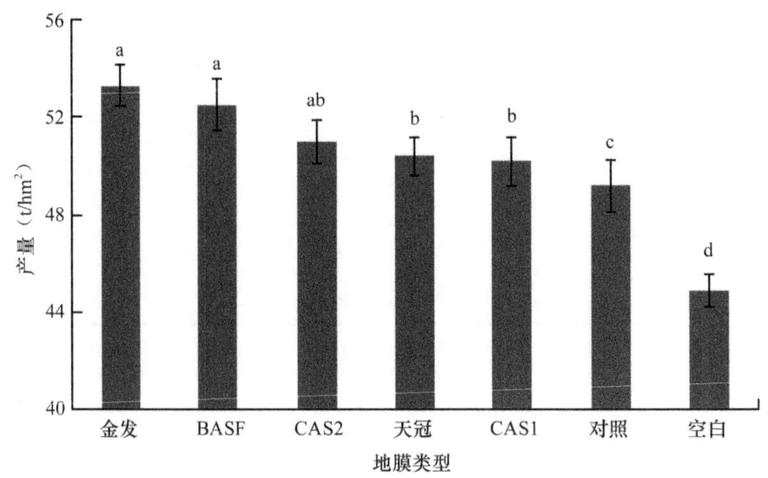

图6-3　不同生物降解地膜覆盖条件下的马铃薯产量

在保温性能方面，在马铃薯生长前期，金发生物降解地膜的土壤日均温高于天冠生物降解地膜，CAS1、CAS2生物降解地膜土壤日均温略低于PE地膜。各类生物降解地膜及普通PE地膜均高于露地种植土壤日均温。在马铃薯生长后期，生物降解地膜的土壤日均温趋势相同，而普通PE地膜的土壤日均温高于生物降解地膜的土壤日均温。由于马铃薯喜凉性，在马铃薯生长后期土壤温度过高，会影响马铃薯生长及产量的提高，普通PE地膜的土壤日均温在马铃薯生长后期过高，影响马铃薯生长；生物降解地膜由于在马铃薯生长后期进行降解，地膜的保温效果逐渐减弱，更适合马铃薯生长发育的需求。

马铃薯农田覆膜处理的土壤日积温均显著高于露地处理，说明地膜覆盖的增温作用显著。金发生物降解地膜的土壤日积温高于CAS1、CAS2生物降解地膜的土壤日积温，BASF生物降解地膜的土壤日积温低于CAS1、CAS2生物降解地膜的土壤日积温，PBAT+PPC与PBAT材料生物降解地膜的土壤日积温差异不大。PE地膜与金发生物降解地膜在马铃薯生育期内的农田土壤日积温相近。在马铃薯生长前期覆盖PBAT材料生物降解地膜的土壤温度要高于覆盖PE地膜，利于马铃薯生长；在马铃薯生长后期，PBAT材料生物降解地膜在覆膜后65～75d开始降解，地膜的增温效果削弱。因此，PBAT材料生物降解地膜相较于普通PE地膜及其他生物降解地膜更加适合在华北地区马铃薯农田应用，即生物降解地膜覆膜后65～75d开始降解更能满足马铃薯农田土壤的温度需求，既能提高马铃薯生长前期温度，又能避免马铃薯生长后期土壤温度过高对马铃薯生长产生不良作用。

在增产方面，露地种植的马铃薯产量最低，为44.9t/hm^2，PE地膜的马铃薯产量为49.2t/hm^2，比露地种植的马铃薯产量显著提高，说明相较于露地种植，地膜覆盖可以提高马铃薯产量。其中金发、BASF生物降解地膜的马铃薯产量最高，为52.5t/hm^{2}和53.3t/hm^2，相较于对照增产6.7%和8.3%，相较于露地种植增产16.9%和18.7%。说明相较于普通PE地膜，生物降解地膜覆盖有助于马铃薯产量的增加，其中PBAT材料生物降解地膜对马铃薯的增产作用最显著，主要是因为PBAT材料生物降解地膜的降解周期与春马铃薯的生育期相吻合，均为65～75d，即在春马铃薯生育前期气候寒冷时，PBAT材料生物降解地膜的保温作用使土壤温度升高，到了春马铃薯生长后期气候炎热时，生物降解地膜可以通过降解出小孔增加土壤水分的入渗，降低表层土壤温度，使春马铃薯在整个生长季中都可以保持较快的生长速度（王斌，2015），既能满足马铃薯生长前期的温度需求，又能在马铃薯生长后期减弱增温性能，避免高温对马铃薯生长发育的影响，并且灌溉水可以通过破裂的膜面进入土壤中，促进马铃薯生长，提高马铃薯产量。而PBAT+PPC材料生物降解地膜虽然保墒性能好，但由于其降解过快，在覆膜后35～50d开始降解，起不到增温保墒的作用，因此该处理下的马铃薯产量较低。

综上，覆膜后65～75d开始降解的PBAT材料生物降解地膜有利于调节马铃薯农田土壤温度，促进马铃薯生长发育，提高马铃薯产量，验证华北集约农区马铃薯地膜覆盖安全期为60～75d。

第二节　新疆地区加工番茄生物降解地膜应用

目前全疆地膜覆盖面积6000多万亩，每年地膜使用量20万t以上，占全国地膜使用量的14.5%，是全国地膜使用量和覆盖栽培面积最大的省级行政区（董合干等，2013；Yan et al.，2014；Gao et al.，2018；国家统计局农村社会经济调查司，2018）。地膜覆盖广泛应用带来了一系列问题，特别是地膜不科学使用及回收环节的缺失，导致地膜残留污染日益严重，已成为一个重要的环境问题。大量地膜残留破坏了土壤结构，导致土壤通透性和孔隙度下降，影响了水肥运移和作物生长发育，降低农作物产量（严昌荣等，2006，2015）。

加工番茄是新疆的特色经济作物，每年种植面积近200万亩，使用地膜2万多t，占全疆地膜使用量的8%～10%，地膜覆盖是保障加工番茄丰产稳产的重要技术，已经成为不可或缺的技术措施。但目前地膜残留已经成为加工番茄生产面临的一个重大问题，残留地膜与番茄秸秆混杂在一起使得地膜捡拾异常困难，如果焚烧会导致大气污染，如果利用加工番茄秸秆进行堆肥，由于地膜不能分解，堆肥质量变差，还田后进一步造成农田地膜残留污染；加之加工番茄秸秆不适宜作青贮饲料，绝大部分只能弃置田间地头等干后进行焚烧，这些加工番茄秸秆在田头腐烂发臭、滋生病菌又造成环境污染。每年数千吨加工番茄秸秆和数万吨残留地膜得不到妥善处理，已成为加工番茄种植面临的一个巨大挑战。

生物降解地膜用于加工番茄生产，除了能够解决地膜残留污染问题外，另一个重要方面是对于加工番茄秸秆的安全还田具有重大意义，在新疆加工番茄秸秆不经处理可直接耕入农田，或者进行堆肥处理，能够从根本上解决地膜残留与秸秆处理问题，促进加工番茄农田环境的改善和可持续利用。

一、试验示范区基本情况

（一）试验区概况

试验示范区位于新疆维吾尔自治区昌吉市，地处天山北坡中段、准噶尔盆地南缘。地貌复杂多样，地势南高北低，总趋势是由西南倾向东北。由山地、平原、沙漠三大地貌单元组成。其中高山区海拔1700～3600m，前山山麓区海拔800～1700m，系地槽褶皱带；山前平原包括冲积、洪积扇平原，属乌鲁木齐坳陷带，海拔由前山山麓800m逐步降到沙漠边缘400m，地势平坦，是平原耕作区；北部沙漠区为古尔班通古特沙漠的一部分，系固定和半固定沙丘。

（二）气候和土壤条件

试验示范区地处中纬度西风带，具有典型的大陆性气候特征，表现为冬季寒冷漫长，夏季炎热，降水稀少，蒸发强烈，气温年较差、日较差较大。多年平均气温6.8℃，气温年较差42.1℃、日较差13.2℃，极端最高气温42.0℃，极端最低气温−38.2℃。多年平均风速2.1m/s，极端最大风速30m/s，风向以西北风居多。年日照时数2828.8h，无霜期最长达183d，最短为136d，一般年份都在160d以上。多年平均降水量180.1mm，多年平均蒸发量2390mm，多年平均水面蒸发量1324.3mm。最大积雪厚度39cm，最大冻土深度140cm。

试验示范区土壤剖面：0～3cm为结皮层，浅灰棕色，干而松碎；3～20cm呈淡灰色，轻壤，疏松；20～50cm呈灰黄色，中壤，疏松，少根系，有盐斑聚集层；50～100cm呈棕灰色，轻壤，较紧，100cm左右有盐分积累层；100cm以下呈淡黄色，壤夹砂根系，空隙极少。土壤为盐化灰漠土、壤土，容重为1.45g/cm^3，田间持水量为25%左右，土层较厚，2m之内没有板结层，土壤宜耕性较好，适宜耕种。

试验示范区的土壤有机质和全氮含量较低；速效磷含量在土壤各层次之间差别较大，从表层向下层依次降低；钾等矿质养分与北疆土壤大致趋势一致，含量较丰富（表6-3）。

表6-3　新疆昌吉生物降解地膜试验示范区土壤养分含量表

深度(cm)	pH	有机质（%）	全氮（%）	速效磷（mg/kg）	速效钾（mg/kg）
0～30	8.7	0.684	0.090	9.66	345.6
30～60	8.4	0.444	0.080	3.64	256.8
60～100	8.1	0.458	0.066	2.34	220.2

（三）农业生产情况

昌吉可耕地面积101.8万亩，人均可耕地面积10亩以上，盛产小麦、玉米、棉花等大宗作物，以及红花、大蒜和鹰嘴豆等特色作物，是全国重要的商品粮、商品棉、加工番茄、酿酒葡萄生产基地。昌吉市2018年农作物播种面积76.5万亩，其中，小麦播种面积7.3万亩，玉米17万亩，棉花32.6万亩，加工番茄4万亩。灌溉条件良好，属于典型绿洲农业区。

二、加工番茄覆膜栽培试验设计

（一）试验示范作物

评价作物为加工番茄，品种为屯河306，早中熟，成熟期103d左右，固形物含量5.2%，单果重50～55g，株高70～80cm，坐果性好，抗病性强，特别是抗盐碱能力强，适应性好，丰产性强，单产高，耐储性中等，适合机械采用。不足之处是果皮略脆，需要在成熟后及时采收。在种植时要注意选择合适地块，亩密度保持在2500～2800株。水肥管理要根据加工番茄长势适当控制，防止徒长，在6月20日以后需要停止使用尿素等氮肥，在采收20d前停止供水。

（二）试验示范用地膜

试验示范的均为生物降解地膜，供试地膜4种，主要原料PBAT分别来自不同厂家，具体原料信息和生物降解地膜的物理参数如表6-4所示。

表6-4　试验示范用生物降解地膜基本情况

地膜种类	颜色	厚度（μm）	宽度（cm）	最大负荷（N，纵/横）	用量（kg/亩）	备注
处理1	黑色	9.2	125	4.1/1.7（>1.5）	6.6	PBAT来自新疆蓝山屯河化工股份有限公司
处理2	黑色	9.8	125	4.2/1.8（>1.5）	7.1	PBAT来自巴斯夫股份公司
处理3	黑色	6.8	125	2.2/1.6（>1.5）	5.0	PBAT来自金发科技股份有限公司
PE地膜处理	黑色	10	125	（1.6）	5.5	

注：括号中数据为国标要求的负荷

（三）试验设计和田间管理

采用单因素随机区组设计，设3种生物降解地膜、普通地膜和裸地栽培共5个处理，每个处理为一个试验示范区，随机排列，3次重复，共15个区。幅宽125cm，种植模式是每垄2行，垄上行间距30cm，垄间行间距120cm，株距20cm。每穴栽1棵加工番茄，移栽秧苗带有营养基质。人工移栽前进行滴灌，滴灌量20～30m^3/亩。6月初中耕一次，主要除草、松土。采用水肥一体化膜下滴灌，加工番茄整个生育期共进行9次滴灌施肥，具体是从6月1日开始，每7d进行一次，施用量20～30m^3/亩，施肥量为氮肥20～25kg/亩、磷肥20～25kg/亩、钾肥25kg/亩。

三、加工番茄生物降解地膜试验结果

（一）生物降解地膜的上机性能

试验示范的3种生物降解地膜和1种PE地膜按照新疆昌吉加工番茄种植的常规操作进行覆盖，即利用1MK-3型地膜覆盖打孔机进行作业，每次作业覆膜3垄（125cm），每垄宽150cm，然后人工进行加工番茄定植，生产结果显示3种试验示范生物降解地膜在机械覆膜过程中均未出现断裂和粘连等问题，作业十分顺利，与PE地膜基本一致，表明试验示范的生物降解地膜完全能够满足新疆加工番茄生产过程中机械覆膜要求。

（二）生物降解地膜对地温的影响

增加土壤温度是地膜覆盖的重要功能之一，尤其是在我国北方寒旱区，早春地温是限制农作物播种、生长发育的重要因素。一般情况下，相比露地，PE地膜能够使10cm土层土壤日均温增加2～4℃，而生物降解地膜由于水分阻隔性较差，增温能力相比PE地膜有所下降，怎么保持一定的增温幅度、尽量缩小与PE地膜增温性差异是生物降解地膜研究的一个重要方面。如图6-4所示，地膜覆盖对农田土壤温度的影响不是简单地使其升高或降低，与气候条件、加工番茄生育期都有密切关系，总体而言，在前期（6月上以前），地膜覆盖都较露地土壤温度高，而6月上旬以后，露地温度反而较覆膜农田温度高，这主要是由于露地种植加工番茄基本上没有封垄，太阳辐射可以直接照射到土壤上，导致土壤温度较高，而有地膜覆盖番茄农田，由于番茄生长茂密，太阳辐射被冠层截留，导致土壤温度反而较低。

统计数据显示，在6月10日之前的46d，地膜覆盖使加工番茄土壤温度增加了17～79℃，而整个监测时期，地膜覆盖使得土壤积温降低了57～158℃·d，这充分说明不能简单地用是否增温来衡量地膜的功效。图6-4还显示，虽然同为地膜，不同地膜的增温性能差异还是较为明显的，生物降解地膜的增温性能均弱于PE地膜，同时，不同生物降解地膜的增温性也存在差异，其中处理2地膜相对较弱。

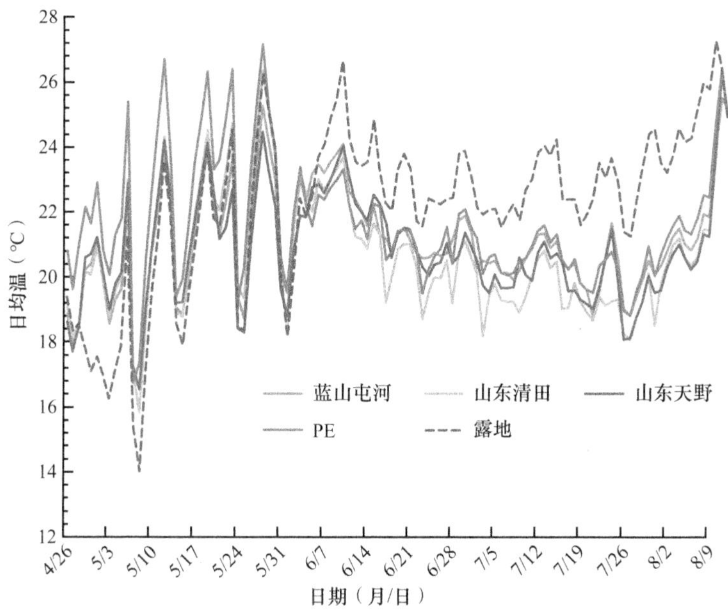

图6-4　不同生物降解地膜覆盖下加工番茄土壤温度（℃）（彩图请扫封底二维码）

（三）生物降解地膜的保墒特性

保墒性是地膜覆盖的重要功能之一，生物降解地膜由于材料本身的特性，与PE地膜相比，降低覆膜后土壤中水分散失是其配方改进的一个重要方面。透水率数据显示，生物降解地膜水分丢失速度明显高于PE地膜；同时，同为生物降解地膜，相互之间也存在较大差异，在生物降解地膜保持完好状态下，处理1和处理3地膜的透水率一般在180g/（m^2·24h），而处理2地膜达到210g/（m^2·24h）（图6-5）。根据《全生物降解农用地面覆盖薄膜》（GB/T 35795—2017），厚度小于10μm生物降解地膜的透湿率要求小于800g/（m^2·24h），4种试验示范生物降解地膜的透湿率远低于这个标准，表明现阶段我国生物降解地膜在保水性能上已经得到了大幅度提高。由于新疆昌吉加工番茄种植中采用膜下滴灌技术，较好地保障了加工番茄生长发育所需要的水分供应，因此，在加工番茄生产上并没有显示出不同生物降解地膜保水性存在差异，如果在旱作农区应用就需要格外注意这个问题。

（四）生物降解地膜降解情况

定点观测结果显示，在新疆昌吉生物降解地膜覆盖加工番茄生产中，处理1地膜在6月下旬开始出现细小孔洞，6月底出现较大孔洞，但整体仍然保持相对完整，在7月下旬后出现大面积破裂和降解，收获后的10月上旬埋土部分基本降解，而暴露于地表的虽仍然呈现块状，但机械强度基本丧失。

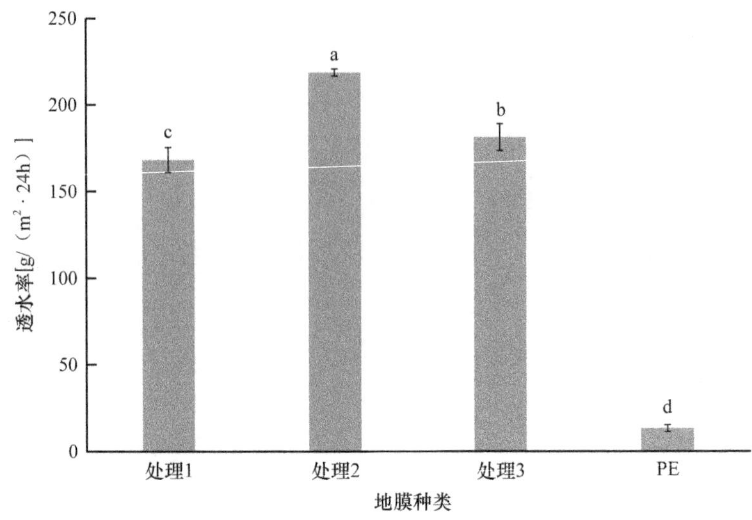

图6-5　加工番茄生物降解地膜透水特性

定点观测结果显示，与处理1地膜相比，处理3地膜也是在6月上旬开始出现细小孔洞，6月底出现大面积破裂和降解，10月上旬后大面积地膜基本降解。

定点观测结果显示，处理2与处理1地膜的降解情况基本一致，在7月中下旬出现大面积破裂和降解，10月上旬后大面积地膜基本降解。

（五）覆膜对加工番茄产量和品质的影响

比较几种生物降解地膜与PE地膜覆盖对加工番茄生长的影响可以发现，生物降解地膜与PE地膜覆盖的加工番茄的生长发育状况基本一致，没有出现明显差异，但处理3地膜覆盖的加工番茄成熟期略有延后，可能与其破裂降解过早、增温和保水性能降低有一定关系（表6-5）。

表6-5　新疆昌吉不同地膜覆盖加工番茄的生育期（月.日）

处理	覆膜	移栽	开花	成熟	收获
处理1	4.23	4.26	6.10	7.10	8.12
处理2	4.23	4.26	6.10	7.10	8.12
处理3	4.23	4.26	6.10	7.10	8.12
PE地膜	4.23	4.26	6.10	7.10	8.12
露地种植		4.26	6.20	7.15	8.12

测定结果显示，除处理3产量显著低于其他生物降解地膜覆盖加工番茄产量外，其他生物降解地膜与普通PE地膜覆盖的加工番茄产量水平一致，相互之间不存在显

著差异，且所有地膜覆盖加工番茄产量显著高于露地种植。加工番茄产量构成因素也显示，覆膜与否严重影响单株加工番茄产量（表6-6）。

表6-6　不同生物降解地膜覆盖加工番茄产量

处理	单株果数（个）	单株果重（kg）	单果重（g）	产量（t/亩）
处理1	82.7a	4.4a	54a	8.5a
处理2	64.8bc	3.7b	56a	8.8a
处理3	55.0c	3.0c	54a	7.2b
PE地膜	69.2b	3.4bc	50a	8.3a
露地种植	35.8d	1.8d	50a	4.3c

测定加工番茄部分品质参数，包括总酸、总糖和维生素C含量等。测定结果显示，露地种植加工番茄的VC含量要高于覆膜种植，不同地膜之间的差异较小，没有明显差异；总糖和总酸则反映了加工番茄的风味品质，从测定结果看，地膜覆盖能够增加加工番茄的总糖，提高糖酸比，其中，处理2地膜和PE地膜的加工番茄口感最甜，酸糖比达到了13.8，而露地种植仅仅10.2，总糖含量较低，这表明地膜覆盖对加工番茄产品质量具有显著的影响（表6-7）。

表6-7　不同生物降解地膜覆盖加工番茄品质特点

处理	总酸（%）	维生素C（%）	总糖（%）	糖酸比
PE地膜	0.41ab	25.75b	5.68a	13.8
处理1	0.37b	22.23b	4.79a	12.8
处理2	0.39b	26.65ab	5.37a	13.8
处理3	0.40ab	24.32b	5.08a	12.7
露地种植	0.46a	32.11a	4.69a	10.2

四、加工番茄生产经济分析

新疆昌吉加工番茄是一个投入比较大的产业，根据调查，加工番茄生产投入一是物质投入，如肥料、地膜、种苗、农药、水电等，二是劳动力和地租投入，三是加工番茄收获运输和地膜回收投入等。亩投入从2230元到2368元不等，其中地膜投入占全部投入2.6%～7.5%，所占比例并不太高，且占比高低与地膜种类、用量有很大关系，如果按照每亩需要地膜550m^2，生物降解地膜单价为25元/kg，PE地膜单价为12元/kg计算，每亩地膜投入费用为60～178元（表6-8）。

表6-8　新疆加工番茄生产物质和人工投入表（元/亩）

处理	农资投入					劳动力和租地		采运和地膜回收		小计
	肥料	地膜	种苗	农药	水电	劳力	租地	采运	地膜回收	
处理1	240	165	320	50	180	300	400	700		2355
处理2	240	178	320	50	180	300	400	700		2368
处理3	240	125	320	50	180	300	400	700		2315
PE地膜	240	60	320	50	180	300	400	700	30	2280
露地种植	240		320	50	220	400	400	600		2230

注：租地费差异较大，一般在400～600元/亩，地膜回收费为30～50元/亩，本研究均按照低值进行计算

研究结果还显示，在新疆昌吉目前生产条件和模式下，露地种植加工番茄的可行性极小，产投比严重倒挂，每种植一亩加工番茄要赔553元，而覆膜种植能够保证亩纯利润在500～1100元。与PE地膜相比，除处理3地膜过薄，影响加工番茄产量，导致产值下降、利润降低外，另外2种生物降解地膜覆盖加工番茄产量、产值和纯利润与PE地膜持平，没有明显差异（表6-9），这也说明生物降解地膜在新疆加工番茄生产中应用是经济可行的。

表6-9　不同地膜覆盖加工番茄投入与产出表

处理	投入（元/亩）	产量（t/亩）	产出（元/亩）	纯利润（元/亩）	利润增加率（%）
处理1	2355	8.5	3315	960	−2.1
处理2	2368	8.8	3432	1064	8.5
处理3	2315	7.2	2808	493	−49.7
PE地膜	2280	8.3	3237	957	
露地种植	2230	4.3	1677	−553	

五、加工番茄生物降解地膜应用前景

地膜覆盖技术是一项用人工方法改善农作物生长环境的栽培技术，该技术具有明显的增温保墒效果，通过改善土壤的水、热状况，提高养分利用效率，培肥地力，最终达到稳产增效的效果（Gao et al.，2018；严昌荣等，2015；Liu et al.，2014）。随着聚乙烯（PE）地膜使用量的不断增加，残膜累积污染对新疆尤其是北疆地区土壤和生态环境的负面影响不断显现。生物降解地膜具有与PE地膜类似的保温和保水效果，应用后产量水平与PE地膜相当，还具有自然降解作用（严昌荣等，2016；申丽霞等，2012；Li et al.，2005）。

不同厂家用同一材料制作的生物降解地膜降解特性略有差异。研究表明，处理3地膜在覆膜后50d左右开始降解，处理2和处理1地膜在覆膜后65d左右开始降解，在

加工番茄收获期降解面积能达到60%，收获后的10月上旬埋土部分基本降解。申丽霞等（2012）研究一种光-生物降解地膜表明：在覆膜后30～40d开始出现裂纹，在90d以后大面积裂解，且较薄的地膜降解较快。张妮等（2016）研究发现以聚乳酸为原料的棉花生物降解地膜在覆膜17～22d后进入诱导期，60d后逐渐进入破裂期，130d左右进入崩裂期。以PBAT为原料的生物降解地膜诱导期长于光-生物降解地膜和以聚乳酸为原料的生物降解地膜，本研究中诱导期为65d的生物降解地膜能够满足新疆移栽条件下加工番茄的种植需求。

土壤温度是直接或间接影响作物生长发育、产量的重要因子。4月早春地温、0～10cm土层温度对加工番茄秧苗成活起至关重要的作用。与传统聚乙烯地膜相比，生物降解地膜开始破裂之前土壤日均温低于PE地膜0.81℃，但两者比裸地分别高1.13℃和1.94℃，露地种植加工番茄前期温度较低，导致其生长不好没有封垄，所以后期太阳暴晒裸地土壤温度较高。总体来说，生物降解地膜在开裂之前的保温性能较好，与PE地膜作用相当，与胡伟等（2015）和申丽霞等（2012）的研究结论一致，因此地膜覆盖能增加土壤有效积温（Li et al.，2005；侯慧芝等，2014）。

与PE地膜相比，不同降解地膜覆盖下的加工番茄产量变化不一样，处理2地膜增产6.0%，处理1地膜增产2.4%，两种地膜加工番茄增产差异不显著（$P>0.05$），处理3地膜加工番茄减产13.3%。胡伟等（2015）研究发现，生物降解地膜覆盖能使玉米增产18.7%，略高于PE地膜的增产率（17.7%）。何文清等（2011）发现，新疆石河子生物降解地膜覆盖棉花较PE地膜产量高2.8%。段义忠和张雄（2018）发现，两种生物降解地膜覆盖马铃薯块茎产量增加20%以上，远高于PE地膜的6.3%。存在这种差异可能由生物降解地膜材料种类、作物种类和区域环境条件等不同所致。

应用全生物降解地膜是解决地膜残留污染的重要途径之一，在农业生产中具极好效果，潜力巨大，但还存在技术问题，目前需要加强生物降解地膜的原材料、配方和生产工艺研究，提高产品质量和降低成本，尤其是要研发针对特定区域和特定作物的专用生物降解地膜产品，以满足和适应农业生产多样性的要求（严昌荣等，2016）。本研究中在新疆昌吉目前生产条件和模式下，处理1和处理2地膜在新疆加工番茄生产中应用是经济可行的，有可推广的市场前景。

（一）地膜覆盖是新疆加工番茄生产的关键技术

地膜覆盖技术是新疆加工番茄生产的关键技术，不可或缺，在目前的生产条件下，地膜覆盖能够使每亩加工番茄种植的劳动力投入降低到2个工日，同时减少用水量及大幅度提高番茄产量，这是无膜种植不能达到的。研究结果也显示，在新疆昌吉目前生产条件和模式下，露地种植番茄投入产出比严重倒挂，每种植一亩加工番茄要赔553元，而覆膜种植能够保证亩纯利润在500～1100元。无论从生产还是从经济角度，都显示了地膜覆盖技术的重要性。

（二）试验示范生物降解地膜满足加工番茄覆膜要求

通过在新疆昌吉下巴湖农场加工番茄生产中大面积（500亩）应用，说明现阶段我国吹制的厚度在8μm左右的生物降解地膜已经完全能够满足机械作业的要求，不需要进行作业机械改进和完善，可以直接应用；覆膜效率与PE地膜完全一致，没有在作业过程中出现断裂、撕裂等问题。

（三）新疆昌吉加工番茄地膜覆盖安全期在70d

2015年以来的连续试验结果表明，在移栽条件下，新疆加工番茄需要保持地膜不破裂和降解的时间在65～70d，如果是直播条件下，地膜需要保持完整的时间将会延长到90～100d，所以如果直播种植加工番茄将提高对生物降解地膜产品的要求，建议尽可能通过农机改造，实现加工番茄覆膜移栽一体化，进一步提高生产效率和降低劳动力。

（四）生物降解地膜满足加工番茄生长发育要求

试验示范的几种生物降解地膜产品虽然在增温和保墒性能上与PE地膜相比略低，但基本满足了番茄生长发育要求，番茄在长势、生育期方面与PE地膜覆盖的没有差异，在杂草防除方面也是如此，除厢沟之间需要进行杂草防除外（PE地膜也是如此，整个番茄生育期需要进行2次机械除草作业），垄面杂草完全得到控制，均未出现草害问题。

（五）生物降解地膜应用有利于提高番茄产量和改善其品质

根据观测，新疆昌吉加工番茄生长后期如果遇到雨水天气多或是浇水不均匀，PE地膜会兜水使得田间湿度加大，加上高温就会导致5%～8%的加工番茄发霉、腐烂，而生物降解地膜一般在60～65d时候就开始有裂痕了，水分会随着裂痕渗到土壤里，减少加工番茄发霉、腐烂出现问题。同时，在加工番茄采收时，近50%～70%生物降解地膜破裂降解了，降低了地膜缠住采收机绞轮的概率，提高了加工番茄采收的作业效率和商品率。

（六）需要进一步降低生物降解地膜产品成本

总体而言，生物降解地膜的成本是制约其应用的一个重要因素。在当前条件下，加工番茄生产中生物降解地膜较PE地膜的产品投入多100元/亩（PE地膜5～6kg/亩，投入在60～70元/亩；生物降解地膜6～6.5kg/亩，投入在135～180元/亩，考虑秋后和第二年春天地膜回收投入30～50元/亩，应用生物降解地膜仍需要多投入50～80元/亩）。因此，通过原料规模化生成降低原料成本、改性成本及通过配方改进减薄降本等，对促进生物降解地膜应用至关重要。

第三节　东北地区有机水稻生物降解地膜应用

一、试验区基本情况

试验设置在黑龙江省方正县水稻研究院，试验区位于黑龙江省中南部方正县，松花江中游南岸、长白山支脉张广才岭北段西北麓、蚂蜒河下游。位于东经128°13′41″～129°33′20″、北纬45°32′46″～46°09′00″，属于寒温带大陆性季风气候，平均年降水量为579.7mm，属中纬度地区，太阳可照时数年平均为4446h。大田作物生育期为5～9月，总日照时数为1178h，日照百分率为54%，平均每天8h。方正县水稻种植面积100万亩，其中有机水稻面积3万亩。

试验区土壤类型为草甸土，基本化学性质见表6-10。

表6-10　试验区土壤基本化学性质

有机质（g/kg）	全氮（%）	全磷（%）	全钾（%）	速效氮（mg/kg）	速效磷（mg/kg）	速效钾（mg/kg）	pH
40.70	0.282	0.070	3.37	146.7	54.7	157	5.97

二、试验材料基本情况

供试地膜6种，见表6-11。

表6-11　供试地膜基本情况

编号	生产企业	膜色	厚度（μm）	宽度（cm）	卷重（kg）
HS-1	江苏华盛材料科技集团有限公司	黑色	10	185	20
CSAR-1	中国科学院长春应用化学研究所	黑色	11.5	185	10
JFR-1	金发科技股份有限公司	黑色	10	185	3
JFR-2	金发科技股份有限公司	黑色	10	185	3
JFR-3	金发科技股份有限公司	黑色	10	185	3
JFR-4	金发科技股份有限公司	黑色	10	185	3

三、水稻覆膜栽培试验设计

（一）品种及特点

水稻品种为绥粳18，适宜在黑龙江省第二积温带种植，出苗至成熟生育日数134d左右，需≥10℃活动积温2450℃·d左右。该品种主茎12片叶，长粒型，株高104cm左右，穗长18.1cm左右，每穗粒数109粒左右，千粒重26.0g左右。

（二）试验布置和设计

试验设置表6-12中8个处理，每个处理重复3次，随机区组排列，每个小区30m^2，除CK1和CK2不覆膜以外，其余6个处理人工覆膜、人工插秧，插秧株行距为13cm×30cm，4株/穴，各处理均采用有机水稻栽培模式。水稻5月23日插秧，10月5日收获。

表6-12 试验处理设置

序号	处理编号	处理描述
1	CK1	不覆膜，除草
2	CK2	不覆膜，不除草
3	HS-1	覆膜，不除草
4	CSAR-1	覆膜，不除草
5	JFR-1	覆膜，不除草
6	JFR-2	覆膜，不除草
7	JFR-3	覆膜，不除草
8	JFR-4	覆膜，不除草

四、水稻生物降解地膜试验结果

（一）不同处理对灌溉用水量的影响

不同处理水稻全生育期灌溉用水量见表6-13。不覆膜不除草处理（CK2）用水量最大，每个小区达到9.52m^3。原因是该处理杂草生长旺盛，水分消耗量较大，用水量为不覆膜除草处理（CK1）的145.79%。覆膜处理能够有效地减少水稻灌溉用水量，与不覆膜除草处理（CK1）相比，各覆膜处理节省灌溉用水量10.41%～47.47%。主要是覆膜处理起到了压草的作用，减少了杂草对水分的吸收利用；覆膜处理减少了水分的蒸发，减少了不必要的损失。

表6-13 水稻全生育期灌溉用水量

指标	CK2	CK1	JFR-4	JFR-3	JFR-2	JFR-1	CSAR-1	HS-1
水稻全生育期灌溉用水量（m^3/30m^2）	9.52	6.53	5.48	3.43	5.06	5.85	3.86	3.55

CSAR-1处理和HS-1处理透湿量较小，用水量也较少，说明覆膜处理用水量与地膜透湿量相关。但JFR-3处理透湿量最大，用水量却最少，有待进一步试验验证，供试地膜透湿量见表6-14。

表6-14　供试地膜透湿量情况

地膜种类	透湿量[g/（m^2·24h）]
CSAR-1	83.4
HS-1	55.2
JFR-1	128.2
JFR-2	120.6
JFR-3	174.0
JFR-4	102.0

（二）不同处理对稻田地温的影响

每个小区安置地温计，测定不同处理水稻生育期内10cm土层温度。在插秧后30d内（5月23日至6月20日），在夜晚温度较低的时段（0时至6时），覆膜处理平均温度均高于不覆膜处理。0时温度平均提高0.82℃，3时温度平均提高0.79℃，6时温度平均提高0.75℃。说明地膜覆盖能够增加土壤温度，在温度较低、无阳光照射的夜晚起到保温作用，降低低温对水稻生长的影响。水稻插秧30d内是水稻返青及分蘖的关键时期，也是黑龙江气温较低的时期，极易发生低温冷害，常规的措施就是灌护苗水，浪费水资源并且效果有限。覆盖地膜有效地缓解了低温对水稻的影响，缩短了水稻生育进程，促进了水稻返青，增加了有效分蘖，提高了水稻产量（图6-6～图6-8）。

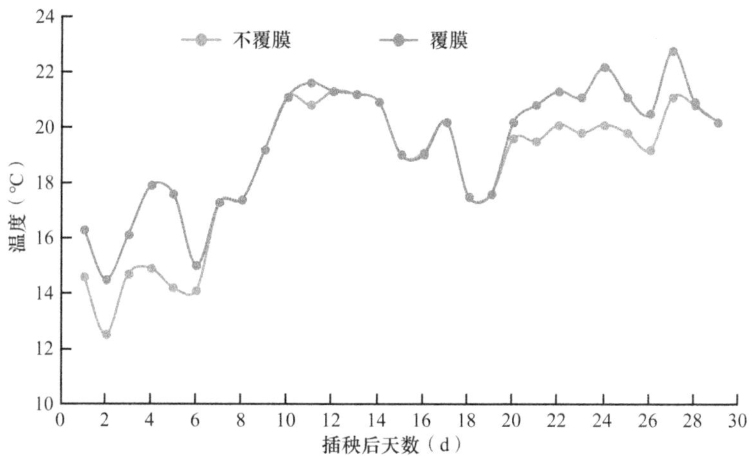

图6-6　插秧后30d内0时温度变化情况（彩图请扫封底二维码）

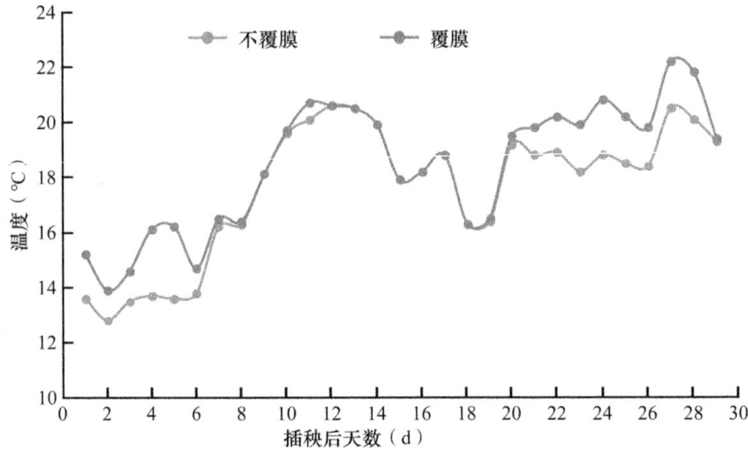

图6-7　插秧后30d内3时温度变化情况（彩图请扫封底二维码）

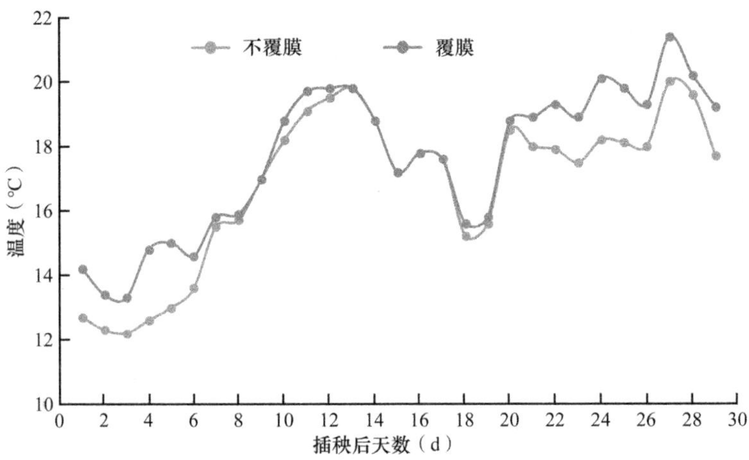

图6-8　插后30d内6时温度变化情况（彩图请扫封底二维码）

（三）不同处理对稻田杂草种类、密度及多样性的影响

分别于7月10日、7月31日、8月24日、9月30日进行了4次调查，明确杂草主要种类为雨久花（*Monochoria korsakowii*）、慈姑（*Sagittaria trifolia* var. *sinensis*）、水葱（*Scirpus validus*）、稗（*Echinochloa crusgalli*）（图6-9）。

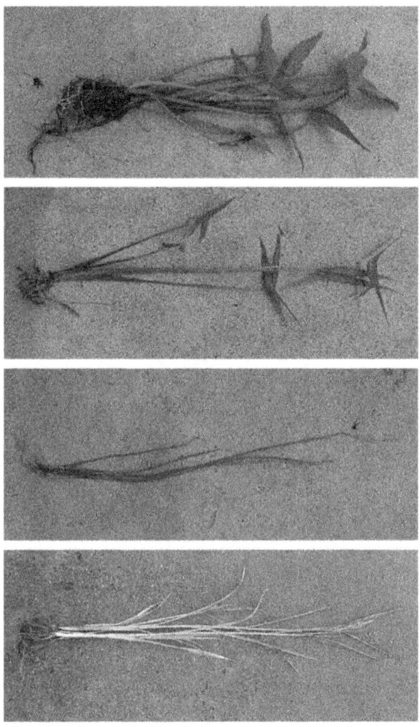

图6-9　稻田主要杂草（由上至下依次为雨久花、慈姑、水葱、稗）（彩图请扫封底二维码）

经过调查发现，不覆膜不除草处理生长了大量的杂草，7月10日、7月31日、8月24日、9月30日杂草密度分别达到了176株/m^2、222株/m^2、192株/m^2、206株/m^2。由于采用人工覆膜，且覆膜质量较高，因此各处理全生育期杂草密度均小于1株/m^2。覆膜栽培在不使用农药的情况下取得了很好的压草效果（表6-15）。

表6-15　不同处理杂草密度（株/m^2）

处理	7月10日	7月31日	8月24日	9月30日
JFR-1	0	0.26	0.43	0.5
JFR-2	0	0.17	0.37	0.4
JFR-3	0	0.16	0.44	0.34
JFR-4	0	0.7	0.63	0.66
CSAR-1	0	0.07	0.2	0.26
HS-1	0	0.27	0.23	0.23
CK1	0	0	0.76	0.76
CK2	176	222	192	206

以相对密度（小区中某种杂草的密度除以小区中所有杂草的密度之和，以百分数表示）作为衡量某种杂草重要程度的指标，并把4次抽样调查中有3次相对密度＞10%的杂草界定为优势种。覆膜各个处理杂草数量十分稀少，计算相对密度不具代表性，因此选取CK2处理计算杂草相对密度，见表6-16。可以看出，水葱在4次调查中相对密度均超过70%，占据绝对优势，其次为慈姑，相对密度为13.54%～21.62%，这两种杂草为稻田杂草优势种。

表6-16 CK2处理杂草相对密度（%）

物种	7月10日	7月31日	8月24日	9月30日
雨久花	4.55	3.60	3.13	3.88
慈姑	18.18	21.62	13.54	16.02
水葱	76.14	70.27	73.96	71.84
稗	1.14	4.50	9.38	8.25

稻田杂草Shannon-Wiener指数见表6-17，由于覆膜后杂草种类及数量较少，并且优势种数量明显大于非优势种，因此Shannon-Wiener指数较低。

表6-17 杂草Shannon-Wiener指数

处理	7 月 10 日	7 月 31 日	8 月 24 日	9 月 30 日
JFR-1		0.29	0.24	0.25
JFR-2		0.29	0.21	0.27
JFR-3		0.21	0.44	0.30
JFR-4		0.55	0.55	0.47
CSAR-1		0.00	0.30	0.30
HS-1		0.29	0.30	0.30
CK1			0.44	0.32
CK2	0.31	0.36	0.36	0.37

（四）不同处理对水稻生长发育及产量的影响

通过对水稻生育进程进行统计发现（表6-18），从拔节期开始覆膜各个处理均比不覆膜除草处理（CK1）生育进程提前1～2d，说明覆膜有利于水稻生长发育。而不覆膜不除草处理（CK2）分蘖较晚，其他生育进程比其他处理提前或持平，由杂草造成水稻生长发育不良导致，因此对产量形成也有很大影响。

表6-18　不同处理生育进程统计表

处理	插秧期	返青期	分蘖期	拔节期	抽穗期	灌浆期	完熟期
JFR-1	5月23日	6月2日	6月10日	7月11日	7月29日	8月5日	9月18日
JFR-2	5月23日	6月2日	6月10日	7月11日	7月28日	8月5日	9月18日
JFR-3	5月23日	6月2日	6月10日	7月11日	7月28日	8月5日	9月18日
JFR-4	5月23日	6月2日	6月10日	7月11日	7月28日	8月5日	9月18日
CSAR-1	5月23日	6月2日	6月10日	7月10日	7月27日	8月4日	9月17日
HS-1	5月23日	6月2日	6月10日	7月10日	7月27日	8月4日	9月17日
CK1	5月23日	6月2日	6月10日	7月12日	7月29日	8月6日	9月19日
CK2	5月23日	6月2日	6月17日	7月9日	7月27日	8月4日	9月16日

通过对水稻产量性状进行统计发现（表6-19），CK2受杂草影响，产量性状及产量均最差。总体来看，各覆膜处理株数均显著高于不覆膜不除草处理。黑龙江省地处纬度较高，在6月水稻分蘖期时温度较低，覆膜处理能够起到保温作用，增加水稻有效分蘖，是覆膜处理株数较多，最后实现增产的主要原因。各覆膜处理与CK2相比株高差异不大，穗长差异较为显著，实粒数和千粒重差异不大。从产量上来看，除HS-1处理外，其余覆膜处理均比CK1增产，增产率分别为JFR-1处理16.83%、JFR-2处理11.05%、JFR-3处理11.52%、JFR-4处理23.07%、CSAR-1处理13.93%，HS-1处理虽然有减产但差异不显著。

表6-19　不同处理产量统计表

处理	穴数（个/m^3）	株数（株/m^3）	株高（cm）	穗长（cm）	实粒数/（粒/穗）	结实率（%）	千粒重（g）	籽粒产量（kg/亩）	茎秆产量（kg/亩）
JFR-1	24	532.5a	101.5a	17.8a	50.1a	94.0ab	25.4ab	450.2ab	329.0ab
JFR-2	24	472.5ab	99.9a	17.4a	54.8a	92.8ab	24.8ab	428.0abc	332.6ab
JFR-3	24	492.5ab	100.3a	17.2a	49.5a	93.8ab	26.5a	429.8abc	400.2a
JFR-4	24	495.8ab	100.2a	17.6a	57.4a	94.2ab	25.0ab	474.3a	371.7ab
CSAR-1	24	471.7ab	100.4a	16.6ab	57.8a	92.6ab	24.3b	439.1ab	334.4ab
HS-1	24	463.3ab	98.3a	17.9a	47.7a	93.2ab	24.9ab	365.0c	272.1ab
CK1	24	435.0b	100.2a	16.2ab	53.1a	91.8b	25.0ab	385.4bc	284.5ab
CK2	24	286.7c	90.0b	15.1b	50.6a	96.1a	25.6ab	246.4d	263.2b

（五）不同地膜降解情况调查

覆膜后每10d记录1次地膜降解情况，直至收获。地膜未完全降解，水稻收获后地膜情况见图6-10。

图6-10　水稻收获后地膜情况（彩图请扫封底二维码）

地膜未完全降解的原因为方正县2018年降水量偏大，方正县平均年降水量为579.7mm，而2018年4～9月降水量就达到了751.6mm（表6-20）。在关键的晒田期8月降水量达到了210.9mm，8月25日单次降水就达到了83.4mm。稻田田面始终保持有水层存在，对地膜起到了保护作用。9月降雨天气达到13d，并且温度开始降低，也影响了地膜的降解。

表6-20　方正县2018年4～9月降水情况

月份	降水量（mm）
4	51.4
5	21.1
6	141.4
7	247.4
8	210.9
9	79.4

（六）水稻地膜覆盖综合经济效益评价

因为种植有机水稻，市场价格大幅度提高，采用覆膜插秧技术种植有机水稻产量平均为431.1kg/亩，价格为12元/kg，亩产值为5173.2元；常规水稻产量为385.4kg/亩，价格为3.4元/kg，亩产值为1310.36元；由于与普通水稻采用肥料不同，覆膜栽培肥料成本增加30元/亩，地膜成本增加300元/亩，农药成本减少60元/亩，由于采用机械配套技术人工成本增加200元/亩，综合以上采用覆膜插秧技术种植有机水稻实际成本增加470元/亩。总体而言，采用覆膜插秧技术种植有机水稻比常规种植水稻收益增加3862.84元/亩（表6-21）。

表6-21　水稻地膜覆盖经济效益调查表（元/亩）

处理	肥料	农药	薄膜	水稻产值	人工费用			
					插秧	施肥	防病除草	灌水
常规	130	60		1310	10	10	15	65
覆膜	160		300	5173	210	10	15	65

五、水稻生物降解地膜应用前景

覆膜栽培水稻能够显著压草、减少水分蒸发，实现节约灌溉用水，各覆膜处理节省灌溉用水10.41%～47.47%。覆膜栽培能够提高土壤温度。在插秧后30d内（5月23日至6月20日），在夜晚温度较低的时段（0时至6时），覆膜处理10cm土层平均温度比不覆膜处理0时平均提高0.82℃、3时平均提高0.79℃、6时平均提高0.75℃。

覆膜栽培能够在不使用农药的前提下取得良好的压草效果。覆膜处理全生育期杂草密度均小于1株/m^2。水葱和慈姑是稻田主要杂草。覆膜栽培能够增加水稻有效分蘖，提前生育进程，有利于水稻生长发育。实现水稻增产11.05%～23.07%。

稻田田面水层会延缓地膜降解，稻田后期晒田对于地膜降解是关键，应排干水分，使地膜充分降解，不影响后续耕作。采用覆膜插秧技术种植有机水稻比常规种植水稻收益增加3862.84元/亩。

地膜覆盖可以增加耕层土壤的温度，抑制杂草生长，节约灌溉用水，促进水稻生长，缩短生育进程，且有效地解决了有机水稻种植过程中除草困难的难题，而生物降解地膜可以减少土壤地膜残留，解决“白色污染”问题，符合我国“一控两减三基本”的要求，是推动东北水稻主产区农业绿色发展的重要手段。在6种参试降解地膜的试验中，由于是人工覆膜，与机械覆膜还有一定差异，覆膜质量要高于机械覆膜，因此压草效果及节约用水效果均优于机械大规模作业。通过测定10cm土层温度发现，全生育期平均温度覆膜与不覆膜处理差异不大，主要是因为水田始终保持水层的存在，所以土层温度变化与旱田不同，应增加2cm土层的温度测定，更加明确地反映温度变化与水稻生长的关系。因为该试验是在特殊气候条件下（降水量偏大）一年的试验结果，还需要进行多年的试验验证，在机械作业条件下测定生物降解地膜的拉伸性能和机械强度、增温效果、降解效果等，为有机水稻覆膜栽培技术推广奠定基础。

参考文献

董合干, 刘彤, 李勇冠, 等. 2013. 新疆棉田地膜残留对棉花产量及土壤理化性质的影响. 农业工程学报, 29(8): 91-99.

段义忠, 张雄. 2018. 可降解地膜对土壤肥力及马铃薯产量的影响. 作物研究, 32(1): 23-27.

国家统计局农村社会经济调查司. 2018. 中国农村统计年鉴. 北京：中国统计出版社：46-49.

何文清, 赵彩霞, 刘爽, 等. 2011. 全生物降解膜田间降解特征及其对棉花产量影响. 中国农业大学学报, 16(3): 21-27.

侯慧芝, 吕军峰, 郭天文, 等. 2014. 西北黄土高原半干旱区全膜覆盖土穴播对土壤水热环境和小麦产量的影响.生态学报, 34(19): 5503-5513.

胡伟, 孙九胜, 单娜娜, 等. 2015. 降解地膜对地温和作物产量的影响及其降解性分析. 新疆农业科学, 52(2): 317-320.

申丽霞, 王璞, 张丽丽. 2012. 可降解地膜的降解性能及对土壤温度水分和玉米生长的影响. 农业工程学报, 28(4): 111-116.

王斌. 2015. 不同类型地膜覆盖对春秋两季马铃薯产量和品质的影响. 泰安：山东农业大学硕士学位论文.

严昌荣, 何文清, 刘爽, 等. 2015. 中国地膜覆盖及残留污染防控. 北京: 科学出版社: 43-52.

严昌荣, 何文清, 薛颖昊, 等. 2016. 生物降解地膜应用与地膜残留污染防控. 生物工程学报, 32(6): 748-760.

严昌荣, 梅旭荣, 何文清, 等. 2006. 农用地膜残留污染的现状与防治. 农业工程学报, 22(11): 269-272.

张妮, 李琦, 侯振安, 等. 2016. 聚乳酸生物降解地膜对土壤温度及棉花产量的影响. 农业资源与环境学报, 33(2): 114-119.

Gao H, Yan C, Liu Q, et al. 2018. Effects of plastic mulching and plastic residue on agricultural production: a meta-analysis. Science of the Total Environment, 651: 484-492.

Li F M, Wang J, Xu J Z. 2005. Plastic film mulch effect on spring wheat in a semiarid region. Journal of Sustainable Agriculture, 25(4): 5-17.

Liu En-king H E, Wen Q G, Yan C R. 2014. ‘White revolution’ to ‘white pollution’-agricultural plastic film mulch in China. Environmental Research Letters, 9(9): 091001.

Yan C R, He W Q, Neil C T, et al. 2014. Plastic-film mulch in Chinese agriculture：importance and problems. World Agriculture, 4(2): 32-36.